本教材由上海财经大学浙江学院发展基金资助出版

多媒体技术与实战

吕光金　编著

上海财经大学出版社

本教材由上海财经大学浙江学院发展基金资助出版

图书在版编目(CIP)数据

多媒体技术与实战/吕光金编著．—上海：上海财经大学出版社，2020.8

ISBN 978-7-5642-3545-1/F·3545

Ⅰ.①多…　Ⅱ.①吕…　Ⅲ.①多媒体技术-教材　Ⅳ.①TP37

中国版本图书馆CIP数据核字(2020)第089076号

□ 责任编辑　肖　蕾

□ 书籍设计　张克瑶

多媒体技术与实战

吕光金　编著

上海财经大学出版社出版发行

(上海市中山北一路369号　邮编200083)

网　　址：http://www.sufep.com

电子邮箱：webmaster@sufep.com

全国新华书店经销

江苏句容市排印厂印刷装订

2020年8月第1版　2020年8月第1次印刷

787mm×1092mm　1/16　13.5印张　337千字

印数：0 001—2 000　定价：48.00元

前　言

随着计算机与网络技术的不断发展，多媒体技术成为当今信息技术领域发展最快、最活跃的技术，当你打开电脑、用手机上网浏览信息时，都会发现大量有关多媒体技术的介绍，各种各样的多媒体产品被不断地运用于教育培训、生产实践、文化娱乐和生活实践中。了解多媒体技术，学习它的使用方法，已经成为一项通用的技能。

本书正是为了适应多媒体技术发展，帮助人们快速掌握与使用多媒体技术而编写的。书中介绍的一些技巧与方法，很多来自作者的心得体会和长期一线教学的经验积累。本书是一本全新设计的多媒体技术课程应用型教材，从案例实战的角度出发，力求内容新颖，突出应用与创新，能够帮助读者加深对多媒体技术的认识与理解，提升应用能力和多媒体创作水平。

全书内容共分为 5 章，第 1 章主要介绍多媒体技术的理论知识；第 2 章主要介绍图像处理软件 Photoshop；第 3 章主要介绍平面动画制作软件 Flash；第 4 章主要介绍录制屏幕与视频编辑软件 Camtasia；第 5 章主要介绍多媒体创作平台 Authorware。本书可作为高等院校多媒体技术课程教学用书，也可作为教师培训教材、从事多媒体创作的工程设计人员的参考书。

本书的编写参考了国内外的众多教材（见参考文献）。此外，芮廷先、何其祥、虞利嫦、冯国英、方婧、曹倩雯、何士产、俞伟广、陈丽燕、王宸圆、李丹、曹力文等对本书的编写提供了大力支持，在此表示衷心的感谢。

由于作者水平有限，书中不妥之处在所难免，恳请广大读者批评指正。如对本书有任何建议或意见，请您联系我们，电子邮箱是 E-mail：jhlgj@163.com。

编　者

2020 年 3 月

目　录

第1章 多媒体技术基础

随着计算机与网络技术的不断发展，计算机的处理能力也越来越强，从而极大地促进了多媒体技术的发展应用。当你打开电脑、用手机上网浏览信息时，会发现大量有关多媒体技术的介绍，各种各样的多媒体产品被不断地运用于教育培训、生产实践、文化娱乐和生活实践中。了解多媒体技术，学习它的使用方法，已经成为一项通用的技能。通过本章的学习，你将了解什么是多媒体技术，它有哪些特征，以及它的用途。

1.1 基本概念

1.1.1 媒体

媒体(Medium)在计算机领域通常有两种含义：一是指存储信息的实体，如磁盘、光盘、磁带、半导体存储器等；二是指承载信息的载体，如文字、声音、图形、图像、动画、音频、视频等。

国际电话与电报咨询委员会将媒体分为五大类。

1. 感觉媒体

感觉媒体是指能够直接作用于人的感官，使人直接产生感觉的媒体。例如，声音、音乐、画面、影像、人类的语言等。

2. 表示媒体

表示媒体是为加工、处理和传输感觉媒体而对感觉媒体进行的抽象表示。例如，文本编码、图像编码、声音编码、视频编码等，表示媒体最终在计算机中被表现为不同类型的文件。

3. 显示媒体

显示媒体，也称为表现媒体，是指用于感觉媒体和通信电信号之间转换的一类媒体。它分为两种：一种是输入表现媒体，如键盘、光笔、话筒、扫描仪、摄像机、视频采集卡等；另一种是输出表现媒体，如显示器、打印机、音箱、绘图仪、投影仪等。

4. 存储媒体

存储媒体是指用于存放表示媒体的存储设备，如磁盘、光盘、各种存储卡等。

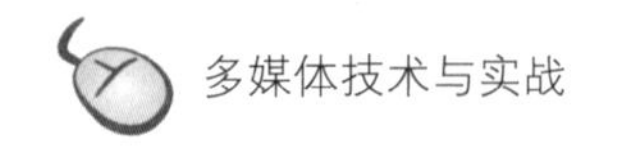

5. 传输媒体

传输媒体是通信中的信息载体，也称为“媒介”，如同轴电缆、光纤、微波、红外线等。

1.1.2 多媒体

“多媒体”一词源于英文“multimedia”，是由“multiple”和“medium”的复数形式“media”组合而成。顾名思义，就是多种媒体的相互渗透和有机集成。

生活中的多媒体主要有 MP3、MP4、数字电视、智能手机、多媒体导航仪等。随着网络技术和多媒体技术的不断发展，两者紧密结合。多媒体网络不断走进人们的生活和工作，出现了远程教育、远程医疗、家庭办公、视频点播、视频会议等。

多媒体中的媒体主要有以下六种。

1. 文字

文字是早期计算机人机交互的主要形式，在计算机中采用二进制编码。一般采用文字编辑软件生成文本文件。典型的三维文字动画软件如 Cool 3D。

2. 图形

图形也称矢量图，是采用算法语言或应用软件生成的矢量化图形。图形文件保存的是一组描述点、线、面等几何图形的大小、形状、位置、维数等属性的指令集合，比图像文件的数据量小。典型的图形处理软件如 CorelDRAW。

3. 图像

图像来源于现实或虚拟世界，可以理解为所有具有视觉效果的画面。图像最小可寻址的元素为像素，采用位图方式存储，并可以压缩。通常看到的 BMP、JPG、TIF 等格式的文件就是静态图像文件。典型的图形图像处理软件如 Photoshop。

4. 音频

音频属于听觉媒体，是指能被人体感知的声音频率，如自然界的各种声音、人的语言、音乐等。音频通常采用 WAV 或 MIDI 格式，是数字化音频文件。还有如 MP3 压缩格式的音频文件、支持流式播放的 WMA 格式等。通过声音编辑处理软件，可以对数字化声音进行剪辑、编辑、合成和处理，典型的音频处理软件有 Gold Wave(带有数字录音、编辑、合成等功能的声音处理软件)、Real Jukebox(在互联网上录制、编辑、播放数字音频信号)、Acid WAV(声音编辑与合成器)等。

5. 视频

视频可以理解为动态图像，如 AVI 格式的电影文件、压缩格式的 MPG 视频文件。典型的音视频处理软件有 Premiere(视频非线性编辑软件)、After Effects(影视、动画后期合成软件)等。

6. 动画

动画源于图像，是通过一系列彼此相关联的单个画面来产生运动画面的一种技术，通过一定速度的播放可达到画中形象连续变化的效果。

动画是表现力最强、承载信息量最大、内容最丰富又最具趣味性的媒体形式，但是动画的设计与制作比较难。动画的应用非常广泛，在商业广告、多媒体教学、影视娱乐业和工业应用中，都大量地使用动画。典型的动画制作软件有 Flash 软件（平面动画制作软件）、3DMAX（三维造型动画制作软件）、Maya（三维动画设计软件）。

1.1.3　多媒体技术

多媒体技术不仅是多种媒体的有机集成，而且包含处理和应用多种媒体的技术。多媒体技术是以计算机为平台综合处理多种媒体信息，如图形、图像、音频、视频和动画，在多种媒体信息之间建立起逻辑连接，并具有人机交互功能的集成系统。

1.2　多媒体系统的主要技术

1.2.1　多媒体数据压缩技术

多媒体产品涉及的媒体种类多、数据量大，在存储、处理与传输信息时对容量和带宽的要求较高，比较不方便。因此，数据压缩技术的目的就是减少数据量。

数据的压缩处理一般分为两个过程：编码过程和解码过程。数据在编码和解码过程中，以不会产生很大的损失为前提，否则数据压缩没有意义。

数据压缩方法一般分为两种：无损压缩和有损压缩。

1. 无损压缩

无损压缩也称无失真压缩，即解压缩后的数据与压缩前的原始数据完全一致。无损压缩具有可恢复性和可逆性，不存在任何误差，但是压缩量比较小。如常用的哈夫曼编码、算术编码就是无损压缩编码。

2. 有损压缩

有损压缩也称有失真压缩，即解压缩后的数据与压缩前的原始数据存在差异。有损压缩中丢失的信息不可恢复，但是压缩量比较大，可以达到几十倍甚至上百倍。如常用的预测编码、知识编码、变换编码都是有损压缩编码。

1.2.2　多媒体数据采集与存储

多媒体数据的采集与存储主要分为图像素材的采集与存储、音频素材的采集与存储、视频素材的采集与存储。

1. 图像素材的采集与存储

（1）图像的采集

图像素材的采集，常用的方法有以下三种：

①通过数码相机拍摄。在生活或工作中，对感兴趣的画面用数码相机进行拍摄，然后通过 USB 接口将数码相机和计算机连接，将存储在相机中存储卡上的图像文件下载到计算机中，

完成图像素材的采集。

②通过扫描仪扫描。扫描仪可以将照片、图案、图文混排的打印稿扫描到计算机中。Windows 中自带的图像处理程序或 Photoshop 图像处理软件都支持扫描仪工作。

③通过专业软件创建。用户可以通过专业的图像处理软件绘制图像，如通过 Windows 中自带的“画图”软件，或 CorelDRAW、Photoshop 等图形图像处理软件绘制图像，绘制完成后按一定的格式要求保存成图像文件。

(2)图像的存储

图像在计算机中以多种文件格式存放，常见的图像存储格式有以下几种：

①BMP 格式。BMP 格式是 Windows 操作系统中的标准图像文件格式，在 Windows 环境中运行的图形图像软件都支持 BMP 图像格式。

②JPEG 格式。JPEG 格式是使用最广泛的图像格式之一，它使用的编码方式是有损压缩编码。JPEG 压缩标准，是以联合图像专家组的名字命名的，即联合图像专家组 JPEG(Joint Photographic Experts Group)。

③TIFF 格式。TIFF(Tagged Image File Format，带标记的图像文件格式)是 WWW (World Wide Web，万维网)上最流行的一种图像文件格式。

④PSD 格式。PSD 格式是由 Adobe 公司开发的适用于 Photoshop、ImageReady 的图像压缩格式，采用无损压缩编码。

⑤GIF 格式。GIF(Graphics Interchange Format，图形交换格式)图像最多支持 256 色，主要用于实现动画和交互式应用。

2. 音频素材的采集与存储

(1)音频的采集

音频素材的采集，常用的方法有以下三种：

①通过声卡采集。音频素材的采集中，最常见的是利用声卡配合麦克风进行录音采集。

②通过 MIDI 输入设备采集。用户通过 MIDI 输入设备弹奏音乐，然后让音序器软件自动记录，最后在计算机中形成音频文件。

③通过专业软件采集。使用专业的音频编辑软件从 VCD 碟片或 CD 唱片中截取和处理音频素材。

(2)音频的存储

数字音频在计算机中以多种文件格式存放，常见的音频存储格式有以下几种：

①WAV 格式。WAV 格式的文件又称波形文件，是用不同的采样频率对声音的模拟波形进行采样得到的一系列离散的采样点，然后以不同的量化位数(16 位、32 位、64 位等)量化这些采样点而得到的二进制序列。

②MIDI 格式。MIDI(Musical Instrument Digital Interface，乐器数字接口)标准规定了电子乐器与计算机连接的电缆硬件以及电子乐器之间、乐器与计算机之间传送数据的通信协议等规范。MIDI 文件记录的是一系列指令，而不是数字化后的波形数据。

③MP3 格式。MP3 是采用 MPEG Layer 3 标准对 WAVE 音频文件进行压缩而成的，其

压缩比可达1∶12，网上的很多音乐采用这种格式。

④WMA格式。WMA（Windows Media Audio）支持流式播放，用它制作接近CD品质的音频文件比MP3格式的文件小，而且保护性极强。

3. 视频素材的采集与存储

（1）视频的采集

视频素材的采集，常用的方法有以下三种：

①从模拟设备中采集。如果从电视机或录像机等模拟视频设备中采集，需要安装视频采集卡，把模拟视频设备的视频输出和声音输出分别连接到视频采集卡的视频输入和音频输入接口，启动相应的视频采集和编辑软件即可进行捕捉和采集。

②从数字设备中采集。例如，从数字摄像机等数字设备中采集视频素材，可以通过数字接口将数字设备与计算机连接，启动相应的软件采集压缩。

③通过专业软件采集。使用专业的视频编辑软件从VCD碟片或DVD影碟片中截取视频素材。

（2）视频的存储

数字视频在计算机中以多种文件格式存放，常见的视频存储格式有以下几种：

①MPEG格式。MPEG（Moving Picture Experts Group）是最常见的视频压缩方式，包括MPEG-1、MPEG-2和MPEG-4等多种视频格式。

②AVI格式。AVI格式对视频文件采用有损压缩。

③ASF格式。ASF（Advanced Streaming Format）格式是微软公司推出的高级流媒体格式，也是一个在因特网上实时传播多媒体的技术标准。它使用MPEG-4的压缩算法，压缩率和图像的质量都比较好。

④RM格式。RM格式是一种新型流式视频文件格式，它是目前因特网上最流行的跨平台的多媒体应用标准，采用音频/视频流和同步回放技术，实现了网上全带宽的多媒体回放。

其他的存储格式还有MOV格式、QT格式、WMV格式等。

1.2.3　流媒体技术

流媒体（Streaming Media）又称流式媒体，是指采用流式传输的方式在因特网上播放的媒体格式。流媒体的“流”指的是这种媒体的传输方式（流的方式），而不是指媒体本身。“流”式传输就是在因特网上的音视频服务器将图像、声音、动画与视频等媒体文件从服务器向客户端实时、连续地传输，用户不必等待全部媒体文件下载完毕，只需延时几秒，就可以在自己的计算机或手机上播放，而文件的其余部分则在后台继续接收，直到播放完毕。

流媒体的出现极大地方便了人们的工作和生活。例如，用户想听某名校教授的课程，但又不方便去外地，于是在网络上找到该教授的在线课程，点击播放，一边播放一边下载，犹如亲临现场。除了远程教育，流媒体在视频点播、网络电台、网络视频等方面也有着广泛的应用。常见的流媒体文件格式有ASF、WMV、RA、RM、QT、MOV等。

1.2.4 虚拟现实技术

虚拟现实技术是一种可以创建和体验虚拟世界的计算机仿真系统，它利用计算机生成一种逼真的三维虚拟环境，用户需要通过特殊的交互设备沉浸到该环境中。虚拟现实技术融合了计算机图形学、数字图像处理、多媒体、传感器等技术。

虚拟现实技术的应用非常广泛，例如，在娱乐应用、教育培训、工程仿真、应急推演、航空航天模拟训练中用的很多。

1. 主要特征

(1)多感知性，指除一般计算机所具有的视觉感知外，还有听觉感知、触觉感知、运动感知，甚至还包括味觉感知、嗅觉感知等。理想的虚拟现实应该具有一切人所具有的感知功能。

(2)存在感，又称浸没感，指用户感到作为主角存在于模拟环境中的真实程度。理想的模拟环境应该达到使用户难辨真假的程度。

(3)交互性，指用户对模拟环境内物体的可操作程度和从环境中得到反馈的自然程度。

(4)自主性，又称构想性，指虚拟环境中的物体可以是真实存在的环境，也可以是用户随意构想的、不存在的环境。

2. 关键技术

(1)动态环境建模技术。

(2)实时三维图形系统和虚拟现实交互技术。

(3)传感器技术。

(4)开发工具和系统集成性技术。

1.3 多媒体技术应用领域

1.3.1 教育与培训领域

教育与培训领域是多媒体技术应用最为广泛的领域之一，多媒体技术的介入，不仅使得教学的信息量大幅增加，而且媒体更丰富、形象，增加了学习的趣味性，使学生更积极主动地投入学习。在教育中的应用主要有计算机辅助教学(Computer Assisted Instruction，CAI)、计算机辅助训练(Computer Assisted Training，CAT)等。在一些机械教学、工程控制与过程模拟方面，更多的应用了计算机辅助设计(CAD)、计算机辅助制造(CAM)。

1.3.2 娱乐领域

随着多媒体技术的日益成熟，大量的计算机制作特效、动画游戏投入使用到影视娱乐业中已经成为一种趋势。例如，动画片的制作、各种单机游戏和网络游戏，不仅人物造型逼真、场景美轮美奂，而且情节引人入胜，极大地增加了艺术效果和商业价值。

1.3.3　网络互联领域

多媒体技术在国际互联网上的应用无处不在。人们在网络上可以传递各种多媒体信息，随时随地都可以相互交流。网络互联领域主要的应用包括可视电话、远程教育系统、远程医疗诊断、视频点播系统、多媒体会议系统等。例如，QQ、微信中的视频通话。

1.3.4　商业应用领域

多媒体技术已经被广泛应用于商业广告、各种咨询服务中。在一些影视、企业或商场的广告中，人们因为各种特殊的创意、动画特效而产生了消费意愿。

1.4　多媒体计算机

多媒体系统一般由多媒体硬件系统和多媒体软件系统组成。

1.4.1　多媒体硬件系统

多媒体硬件系统主要包括计算机的传统硬件设备、音视频输入/输出和处理设备。

1.4.2　多媒体软件系统

多媒体软件系统主要包括多媒体操作系统、多媒体创作工具软件、多媒体平台软件。

1. 多媒体操作系统

由于多媒体系统中要实时处理各种音频、视频信号，对操作系统的要求较高，不仅需要具有实时处理能力，而且需要支持多任务、编程环境等。微软的 Windows 7、Windows 10 就是比较好的多媒体操作系统。

2. 多媒体创作工具软件

多媒体创作工具软件主要用于制作多媒体产品。在多媒体作品创作的前期，需要使用不同的专业软件制作各种媒体元素，如运用图像处理软件设计与制作图像，运用动画制作软件制作动画，运用声音处理软件制作和处理声音。

(1)图像处理软件

图像处理软件专门用于获取、处理图像，主要进行平面设计、广告设计等。如 Photoshop、CorelDRAW 就是比较好的图像处理软件。

(2)动画制作软件

动画是表现力最强、内容最丰富、信息量最大、最具趣味性的媒体形式。随着计算机的不断发展，各种领域都开始使用动画，动画软件也在不断地发展中。例如，Flash 软件、Animation GIF 就是很好的平面动画与网页动画制作软件，3DMax、Maya、Poser 等都是三维动画制作软件。

(3)声音处理软件

专门加工和处理声音的软件称为声音处理软件。例如，用录音软件 GoldWave 录制声音素材的过程如下：

①准备好话筒，设置好声卡的录音属性。

②启动 GoldWave 软件，设置好声音的基本属性。

③在 GoldWave 软件的界面上点击录制按钮。

④录制完成后，设置相应的参数并保存。

3. 多媒体平台软件

在多媒体作品创作的后期，需要在另外一些软件或平台上将这些媒体素材有机地结合在一起，构成完整的多媒体作品。

(1)Authorware

Authorware 是一款基于流程图的应用设计软件。它具有大量的系统函数和变量，程序模块清晰、简洁，设计的作品交互功能强，导航跳转自由，学习简单、方便。

(2)Powerpoint

Powerpoint 是一款基于页面的办公系统软件。人们一般用它制作多媒体演示产品 PPT，学习这款软件相对 Authorware 而言更简单。

(3)Visual Basic

Visual Basic 是一款基于可视化编程环境的高级程序设计语言，人们通常简称其为 VB。使用该语言开发工具制作多媒体产品的主要工作是编写程序，对开发人员的要求比较高。

(4)Director

Director 是一款基于脚本的应用设计软件。

1.5 多媒体产品

多媒体技术的应用，最终是依靠多媒体产品的应用和传播来实现的。多媒体产品的开发是由开发人员利用计算机语言或多媒体创作工具设计与制作多媒体应用软件的过程。

1.5.1 多媒体产品的特点

多媒体产品是多媒体技术实际应用的产物，它的主要特点如下：

(1)信息多元化

多媒体产品所提供的信息种类多，媒体形式运用自如，能充分调动人的各种感觉器官。

(2)人机交互

多媒体产品一般都具备人机交互功能，例如，学习系统、教学系统、产品演示系统，都可以根据用户的提问或指向给出相应的答案或导航。

(3)创作周期长

多媒体产品从创意到设计、制作、测试、实施、运行与维护，需要大量的素材收集与制作、程序编写等，一般周期都比较长。

1.5.2　多媒体产品的开发过程

多媒体产品的开发过程，与其他软件的开发过程基本相似，主要包括产品创意、素材的收集与媒体制作、编制程序、测试与包装、后期维护等。

(1)产品创意

多媒体产品的创意设计处于开发过程的初期，是非常重要的一个环节，它主要考虑做什么、为谁做、用什么平台开发、界面如何设计、脚本如何写、用哪些软件制作媒体素材、在什么平台上运行等问题。

(2)素材的采集与媒体制作

多媒体素材的采集与媒体制作是最艰苦的工作，它一般需要专业人士参与，主要制作和采集文字、图形、图像、动画、声音等媒体。在采集过程中，尽可能地采集高质量、数据量小的媒体素材。

(3)编制程序

在多媒体产品开发的过程中，需要选择合适的创作平台或高级语言进行编程，以便将各种媒体素材、脚本等连接与合成。

(4)测试与包装

编码完成后，需要对产品进行测试，判断是否做到界面统一、导航清晰、信息科学无误等，是否已经满足用户的需求。若确认已经达到需求并科学无误，则进行系统打包、编写系统说明书和帮助文件，然后交付使用。

1.5.3　多媒体产品的版权问题

多媒体产品的开发与推广过程中，应重视软件的版权问题，要有强烈的版权意识。

(1)原创作品

多媒体产品开发过程中，尤其是在素材的收集与制作时，尽量采用原创作品，如果确实需要引用他人的素材，应通过合法途径获得授权才可使用。

(2)合作作品

如果多人合作完成一个多媒体作品，则要共同发布该产品，不要当作某个人的作品实施商业行为。

(3)防止盗版

多媒体产品开发完成后，要防止被盗版，可以运用专业的加密工具对产品进行加密。

第 2 章

图像处理软件 Photoshop

Photoshop(简称 PS),是由 Adobe 公司研发的使用最广泛的图像处理软件。Photoshop 支持众多的图像格式,对图像的常见操作和变换达到了非常精细的程度,它还拥有非常丰富的插件(在 PS 中称为滤镜),图像处理功能强大,使得任何一款同类软件都无法与其相比。因此,它深受广大平面设计人员的喜爱。本章首先介绍 Photoshop 的基础知识,然后以 Photoshop CS6 为平台,从实例入手,介绍图层、蒙版、滤镜、路径、通道等相关知识,以及它们在综合实例中的应用。

2.1 基础知识

2.1.1 PS 软件简介

2003 年,Adobe Photoshop 8 被更名为 Adobe Photoshop CS,此后几年,CS 的版本不断升级,一直升级到 Photoshop CS6。后来,Adobe 公司推出了最新版本的 Photoshop CC。自此,Photoshop CS6 作为 Adobe CS 系列的最后一个版本被新的 CC 系列取代,CC 版本进入"云"时代,增加了智能锐化、Camera Raw 滤镜、相机防抖、3D 与视频编辑等新功能。需要指出的是,无论版本如何更新,但其核心功能基本不变,而且功能增强的同时对使用的电脑配置要求也越来越高。所以,本书仍以目前使用较广泛的 Photoshop CS6 为基础。

Photoshop CS6 在日常设计中应用非常广泛,婚纱摄影、包装设计、淘宝美工、数码照片处理、网页设计、手绘插画、室内设计、建筑设计、创意设计等都用到,它几乎成了"设计师必备软件"。

(1)图像编辑

图像编辑是图像处理的基础,可以对图像进行各种变换,如缩放、旋转、镜像、透视等,也可以对图像进行复制、去除斑点、修补残损等操作。在婚纱摄影、照片处理中使用广泛,通过美化修饰,最终可以得到令人满意的效果。例如,可以将照片背景中灰蒙蒙的天处理成蓝天白云,也可以将证件照中多余的部分裁切掉。

(2)图像合成

图像合成是指将几幅不同的图像合成为一幅完整的、有特殊意义的图像。运用 PS 软件的图层、工具、滤镜等功能可以将不同的图像拼合出天衣无缝的效果，让人辨别不出真假。

(3)校色调色

校色调色是 PS 具有的一项功能，用它可以方便、快捷地对图像的颜色进行明暗、色偏的调整和校正，也可以在不同颜色之间进行切换，应用于网页设计、印刷制品、广告设计中。

(4)特效制作

特效制作在 PS 中主要由通道、滤镜及其他相应工具综合应用完成，包括特效创作、各种特效字(如火焰字、滴血字、霓虹字、冰雕字等)的制作；浮雕、素描、油画、石膏画等传统的美术技巧都可由 PS 软件来完成。

(5)视觉创意

视觉创意是设计艺术的一个分支，此类设计通常没有明显的商业目的，但它为广大设计爱好者提供了广阔的设计空间。因此，有更多的设计爱好者开始学习 Photoshop 软件，并进行具有个人特色与风格的视觉创意。

2.1.2　工作界面

Photoshop 软件安装成功后，在“程序”菜单中选择 Adobe Photoshop CS6 命令，即可启动；也可以双击桌面上的 Adobe Photoshop CS6 快捷方式来启动，如图 2－1 所示。

图 2－1　Adobe Photoshop CS6 工作界面

菜单栏：菜单栏位于 Photoshop 工作界面的最上方，菜单栏中共包含 11 个菜单命令，即“文件”“编辑”“图像”“图层”“文字”“选择”“滤镜”“3D”“视图”“窗口”“帮助”。利用这些菜单命令可以完成对图像的编辑、调整色彩、添加滤镜等操作，如图 2—2 所示。

图 2—2　菜单栏

工具箱：工具箱位于 Photoshop 工作界面的左侧，工具箱中包含多个工具，如选择工具、绘图工具、填充工具、编辑工具、颜色选取工具、屏幕视图工具、快速蒙版工具等 。如果想了解某个工具的名称及功能，可以将鼠标指针放在具体工具的上方，此时会弹出一个黄色的图标并显示该工具的具体名称。利用这些工具可以完成对图像的绘制、编辑、处理等操作，如图 2—3 所示。

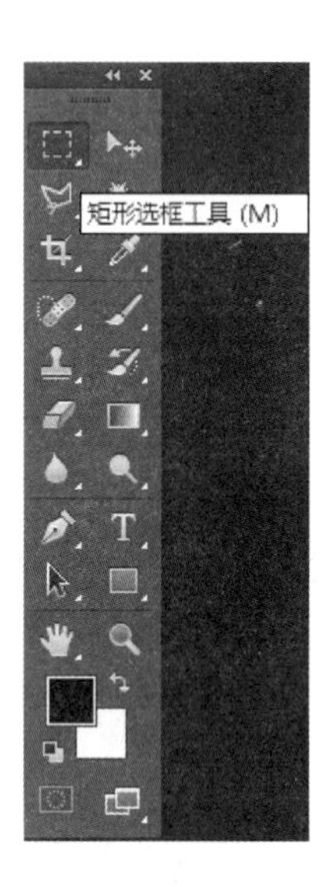

图 2—3　工具箱

属性栏：属性栏是工具箱中各个工具的功能扩展。通过在属性栏中设置不同的选项，可以完成多样化的操作。

控制面板：控制面板是 PS 的重要组成部分，默认情况下，位于 Photoshop 工作界面的右侧。通过不同的功能面板可以完成图像中的填充颜色、设置图层、添加样式等操作。

提示：按 F6 键可以显示或隐藏“颜色”控制面板，按 F7 键可以显示或隐藏“图层”控制面板，按 F8 键可以显示或隐藏“信息”控制面板。当用户在使用各种工具与面板功能时，有时会将一些面板移开，此时可以执行“窗口”→“工作区”→“复位基本功能”命令，将凌乱的界面恢复到默认的状态，如图 2—4 所示。

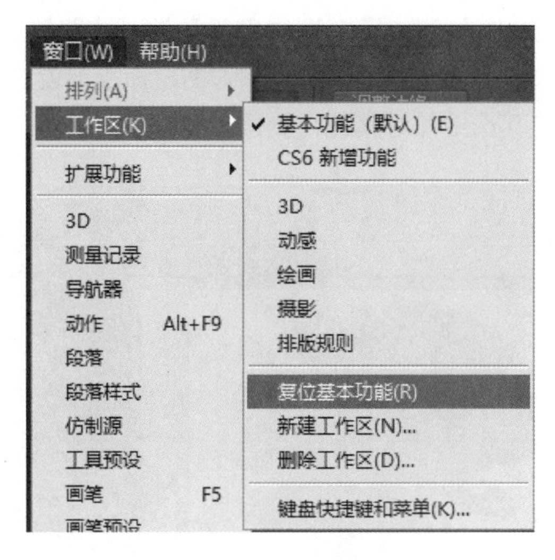

图 2—4　工作区复位

2.2　图层的基本操作

在使用 Photoshop 处理图像时，经常会包含很多个图层，因此，选择一个正确的图层进行相应的操作非常重要，否则会出现误操作。

2.2.1　选择图层

当打开一幅 JPG 格式图像时，在“图层”面板中将会自动生成一个“背景”图层，如图 2—5

图 2—5　背景图层

所示。此时该图层处于被选中的状态，所有操作也都是针对该图层进行操作的。如果此时执行“文件”→“置入”命令，置入一幅“花”的图像，此时，图层面板上就会显示两个图层，在图层面板中单击“花”图层，即可将其选中并对其进行操作，如图 2—6 所示。

图 2—6 “花”图层

如果想对多个图层进行操作，如移动或旋转等，可以在“图层”面板中先选中一个图层，然后在按住 Ctrl 键的同时单击其他图层，即可选中多个图层。

2.2.2 新建图层

如果在处理图像时想添加一些绘制的元素，最好创建新的图层，这样可以避免因误操作而影响原图。新建图层的方法主要有两种。

方法一：执行“图层”→“新建”→“图层”命令，如图 2—7 所示。

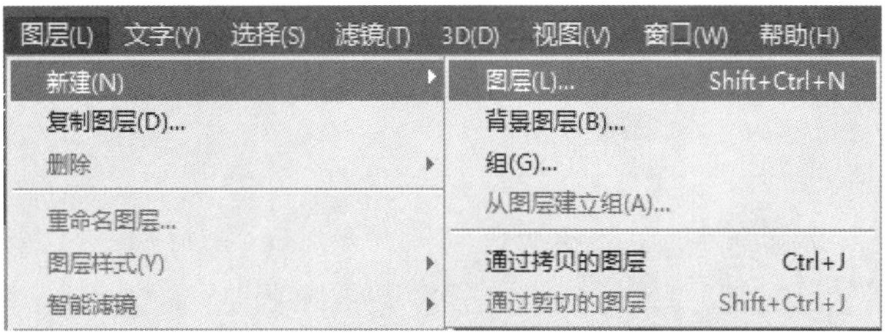

图层(L) 文字(Y) 选择(S) 滤镜(T) 3D(D) 视图(V) 窗口(W) 帮助(H)
新建(N) ▸ 图层(L)... Shift+Ctrl+N
复制图层(D)... 背景图层(B)...
删除 ▸ 组(G)...
从图层建立组(A)...
重命名图层...
图层样式(Y) ▸ 通过拷贝的图层 Ctrl+J
智能滤镜 ▸ 通过剪切的图层 Shift+Ctrl+J

图 2—7 新建图层

方法二：在“图层”面板底部单击“创建新图层”按钮，即可在当前图层的上一层新建一个图层，例如：在图 2—5 的基础上新建一个图层，如图 2—8 所示。

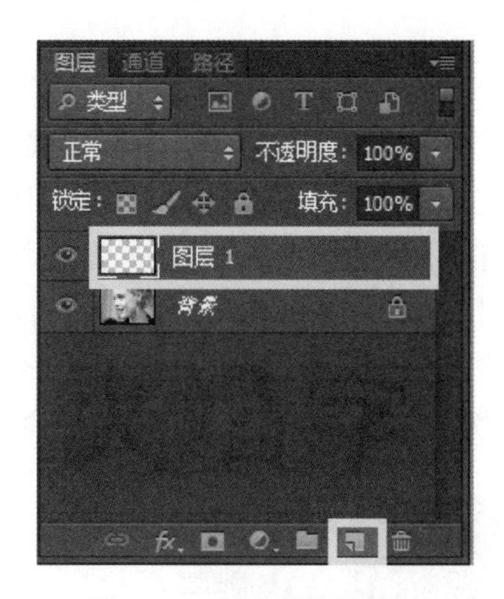

图 2—8　创建新图层按钮

2.2.3　删除图层

当不需要某个图层时，可以使用删除图层功能。方法是选中图层，在“图层”面板底部单击“删除图层”按钮，如图 2—9 所示。此时，会弹出一个对话框，如图 2—10 所示。选中“不再显示”复选框，以后在删除图层时将不会出现这一个确认步骤。

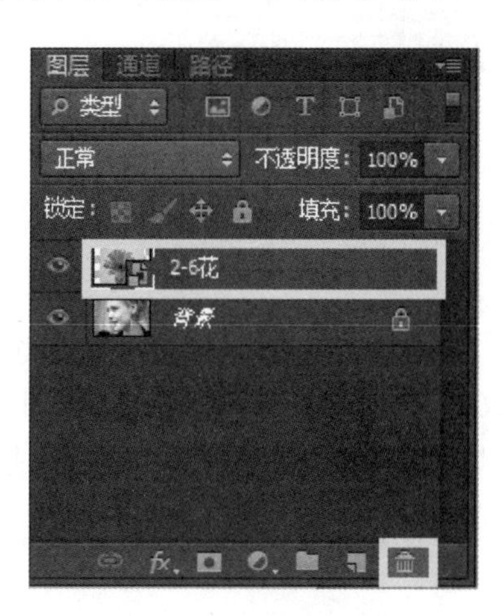

图 2—9　删除图层按钮

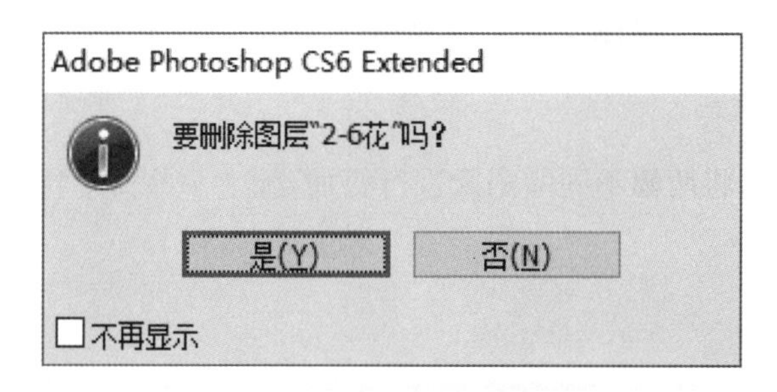

图 2—10　删除图层对话框

2.2.4 栅格化图层

一般情况下，在 Photoshop 中新建的图层为普通图层，但是还有其他几种特殊的图层，例如使用文字工具创建的文字图层、使用矢量工具创建的形状图层、使用 3D 功能创建的 3D 图层等。这些特殊图层虽然可以移动、缩放与旋转，但是不能对内容进行编辑，如果想要对这些内容进行编辑，应该先将特殊图层转换为普通图层，这就是“栅格化”图层。方法是，选择需要栅格化的图层，然后执行“图层”→“栅格化”子菜单中的相应命令；或者在“图层”面板上选择该图层，单击鼠标右键，在弹出的快捷菜单中选择“栅格化图层”命令，如图 2－11 所示。

图 2－11　栅格化图层

2.2.5 合并图层

合并图层，是指将选中的所有图层合并成一个图层。经过合并图层后，画面的效果并没有发生变化，只是多个图层合并成一个而已。在“图层”的面板中选择一个图层，然后按住 Ctrl 键加选需要合并的图层，执行“图层”→“向下合并”命令或按下快捷键“Ctrl＋E”。执行“图层”→“合并可见图层”命令或按下快捷键“Ctrl＋Shift＋E”，可将“图层”面板中的所有可见图层合并到“背景”图层。执行“图层”→“拼合图层”命令，可将“图层”面板中的全部图层合并到“背景”图层。如果有隐藏的图层，系统会弹出一个提示框，询问用户是否扔掉隐藏的图层。

2.2.6 图层应用——招贴画

1. 创作要求

运用图层混合功能，将两幅不同的图像进行叠加，配上一些文字特效，制作成一幅招贴画。效果如图 2－12 所示。

图 2—12　招贴画效果图

2. 创作过程

(1)运行 Photoshop CS6 软件,新建一幅图像,名称为“北京欢迎你”,并设置好参数,如图 2—13 所示。

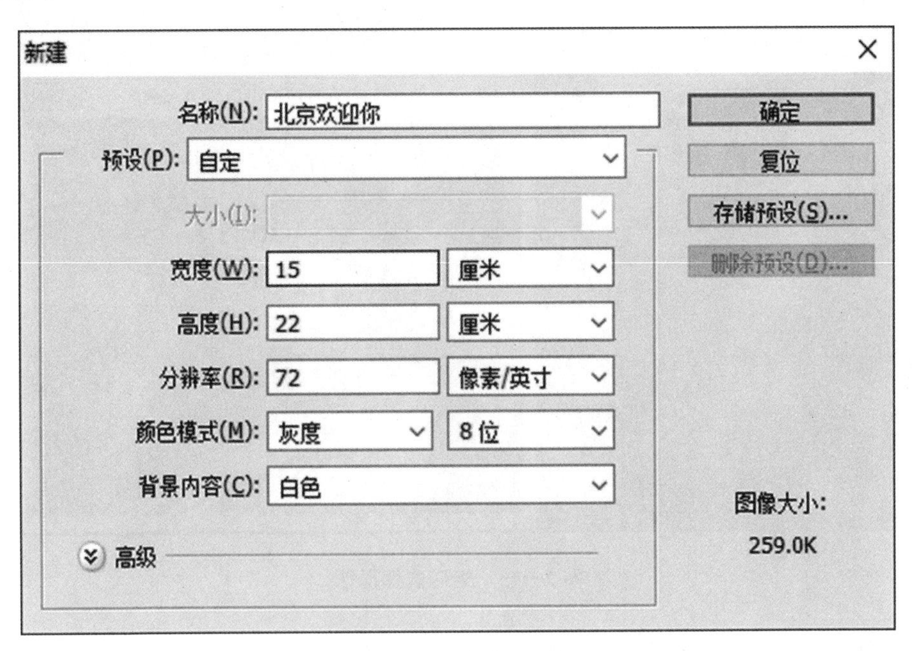

图 2—13　新建对话框

(2)打开一幅“北京夜景”的素材图像,如图 2—14 所示。

图 2—14　素材原图一

(3)运用工具箱中的“矩形选框工具”按钮 将该图像选取,如图 2—15 所示。

图 2—15　矩形选框操作

(4)复制并粘贴到主图像中,然后执行“编辑”→“变换”→“缩放”命令,使其大小与主图像一致,如图 2—16 所示。

图 2－16　缩放后的素材图一

(5)打开另一幅“北京天坛”的素材图像,如图 2－17 所示。

图 2－17　素材原图二

(6)将该图像复制并粘贴到主图像中,然后执行“编辑”→“变换”→“缩放”命令,使其大小与主图像一致,如图 2－18 所示。

图 2—18　缩放后的素材原图二

(7)将图层混合模式设为“变亮”或“柔光”,如图 2—19 所示。

图 2—19　图层控制面板

(8)图层混合后的效果如图 2—20 所示。

图 2—20　图层混合效果

(9)选中文字工具 T ,在图像右上方输入竖排文字"北京欢迎你",如图 2—21 所示。

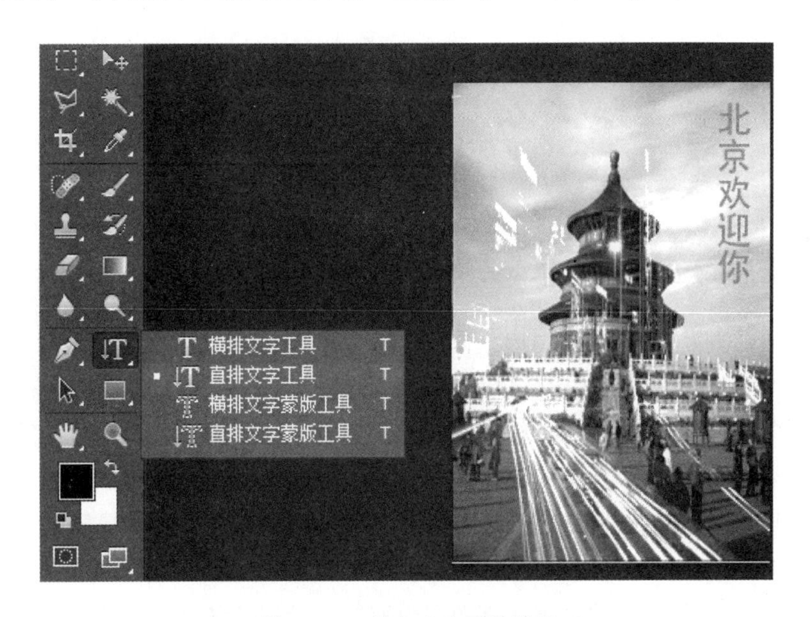

图 2—21　输入文字后的效果

(10)选中文字图层,执行"图层"→"图层样式"→"投影"命令,打开"图层样式"对话框,勾选"投影"复选框,如图 2—22 所示。单击"确定"按钮,得到如图 2—12 所示的效果图。

(11)按"Ctrl+S"组合键,保存文件。

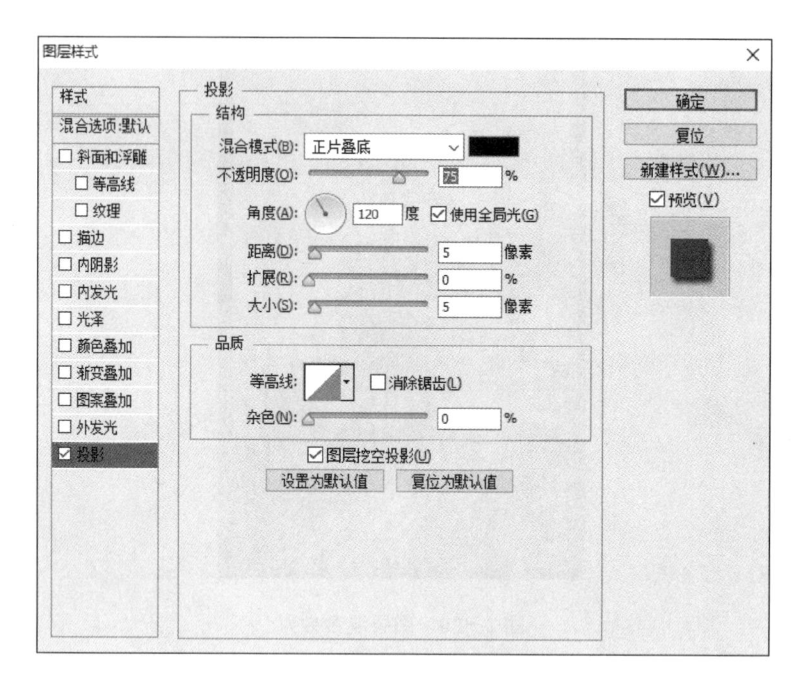

图 2—22　图层样式对话框

2.3　蒙　版

2.3.1　蒙版概念

"蒙版"一词源于摄影技术,是指用于控制照片不同区域曝光的传统暗房技术。在 Photoshop 中蒙版的功能主要用于图像的修饰与合成,即将原本不在同一幅图像上的内容,通过一系列手段进行组合拼接,使之成为一幅新的图像。在组合的过程中,经常需要将图像的某些部分隐藏,借助蒙版功能可以轻松地实现。

在 Photoshop 中共有四种蒙版:图层蒙版、剪贴蒙版、矢量蒙版和快速蒙版,这四种蒙版的原理和功能各不相同。

图层蒙版:通过"黑白"的原理来控制图层内容的显示和隐藏,黑代表隐匿、隐藏,白代表显示。图层蒙版的功能经常被使用,常用于将图像的某部分区域隐藏,如下文中的"瓶中人影"实例。

剪贴蒙版:以下一层图层的"形状"来控制当前图层显示的"内容",可以理解为两个图层的交集,如下文中的"绿色地球"实例。

矢量蒙版:用路径的形态控制图层内容的显示和隐藏。在路径区域内的部分被显示,路径以外的部分被隐藏。由于用矢量路径进行控制,可以进行蒙版的无损缩放。

快速蒙版：以“绘图”的方式创建各种选区，其实是选区使用的一种方式。

2.3.2　蒙版应用——瓶中人影

1. 创作要求

运用图层蒙版功能，将人物图像拼合到玻璃瓶图像中。效果如图 2—23 所示。

图 2—23　瓶中人影效果图

2. 创作过程

(1)打开两幅图像，如图 2—24 和图 2—25 所示。

图 2—24　瓶子原图

图 2—25　人物原图

(2)选中人物图像，在工具箱中选择魔棒工具，按下 Shift 键并单击人物图像中的白色区域，执行“选择”→“反向”命令，选中人物，如图 2—26 所示。

图 2－26　人物选区

(3)按下“Ctrl＋C”组合键，然后选中玻璃瓶图像，按下“Ctrl＋V”组合键，将人物粘贴到玻璃瓶图像中，执行“编辑”→“变换”→“缩放”命令，调整人物到合适的大小，如图 2－27 所示。

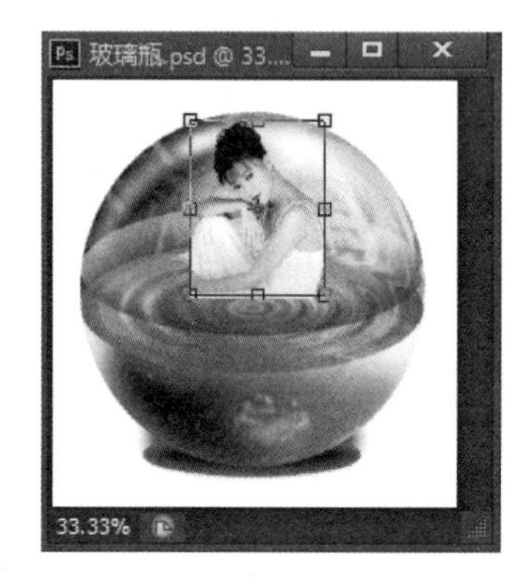

图 2－27　合成的初始图

(4)单击“图层”控制面板中的“添加图层蒙版”按钮 ，为图层 1 创建蒙版。如图 2－28 所示。

图 2－28　图层控制面板

(5)选择渐变工具，并选择前景色(白色)到背景色(黑色)的渐变图案，然后在人的图像上从上往下拉出一条直线，制作渐变效果，如图 2—29 所示。

图 2—29　渐变工具应用

(6)得到如图 2—30 所示的效果图。

图 2—30　渐变应用后的效果图

(7) 在“图层”控制面板上，用鼠标左键选中并按住图层 1，将其拖到面板底部的“创建新的图层”按钮上，创建图层 1 的副本，并将透明度调成 50％，如图 2—31 所示。

(8)选择图层 1 的副本图层，使其成为当前图层，执行“编辑”→“变换”→“垂直翻转”命令，然后用移动工具将其移动到合适的位置，最终得到如图 2—23 所示的效果图。

(9)按“Ctrl＋S”组合键，保存文件。

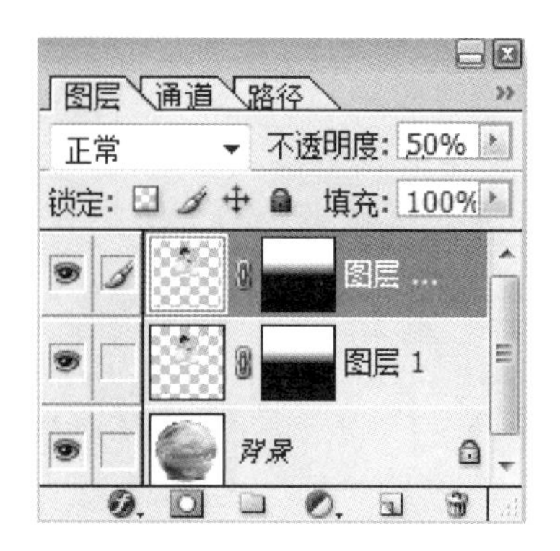

图 2－31　图层透明度调整

2.3.3　蒙版应用——绿色地球

1. 创作要求

运用剪贴蒙版功能，制作“绿色地球”的彩色文字。效果如图 2－32 所示。

图 2－32　绿色地球效果图

2. 创作过程

(1)打开一幅“地球”图像，如图 2－33 所示。

图 2－33　地球原图

(2)选中文字工具 T ,在图像上方输入横排文字“绿色地球”,如图 2—34 所示。

图 2—34　加入文字后的地球图

(3)执行“文件”→“置入”命令,置入一幅“绿叶”的图像,如图 2—35 所示。此时的“图层”面板如图 2—36 所示。

图 2—35　置入绿叶

图 2—36　图层面板

(4)在“图层”面板中选中“绿叶”图层,单击鼠标右键,执行“创建剪贴蒙版”命令,如图 2—37 所示。

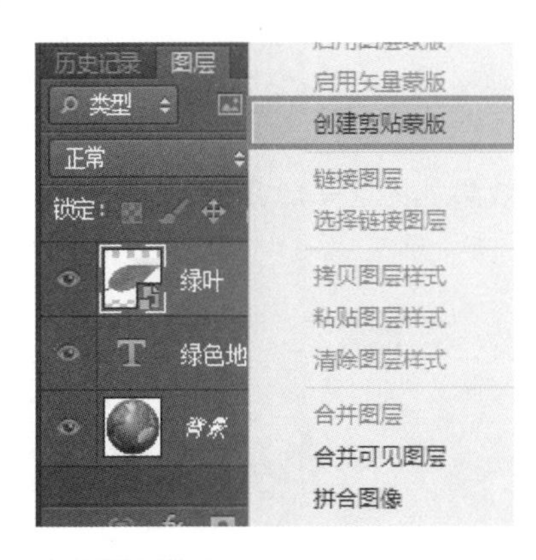

图 2—37　创建剪贴蒙版

图 2—38　添加蒙版后的图层

(5)在“图层”面板上，内容图层“绿叶”向右缩进，并在前方出现了一个向左下方拐的箭头，如图 2—38 所示。

(6)最终效果如图 2—32 所示。按“Ctrl+S”组合键，保存文件。

2.4 滤 镜

2.4.1 滤镜概念

我们通常在用手机拍照时会使用“滤镜”，让照片变得更美一些。但是，手机拍照 APP 中的“滤镜”，一般只起到调色的作用，而在 Photoshop 中的“滤镜”主要是用来实现图像的各种特殊效果。例如，把照片处理成油画或木刻效果，如图 2—39 和图 2—40 所示。

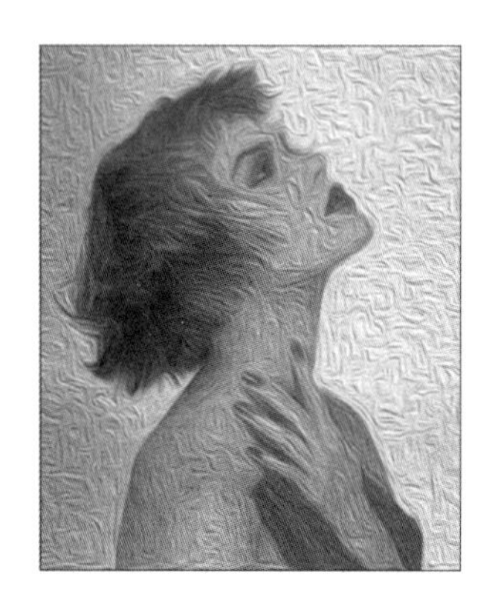

图 2—39 油画效果

图 2—40 木刻效果

“滤镜”的种类非常多，不同的滤镜可以制作的效果也大不相同，例如，锐化功能可以增强照片清晰度，液化功能可以对人物进行瘦身与美化五官结构。可以通过多个滤镜的组合制作出一些特殊的效果，例如，下文中的火焰字效果、服装秀图等。

2.4.2 滤镜应用——火焰字

1. 操作要求

运用滤镜的功能，制作熊熊燃烧的火焰字。效果如图 2—41 所示。

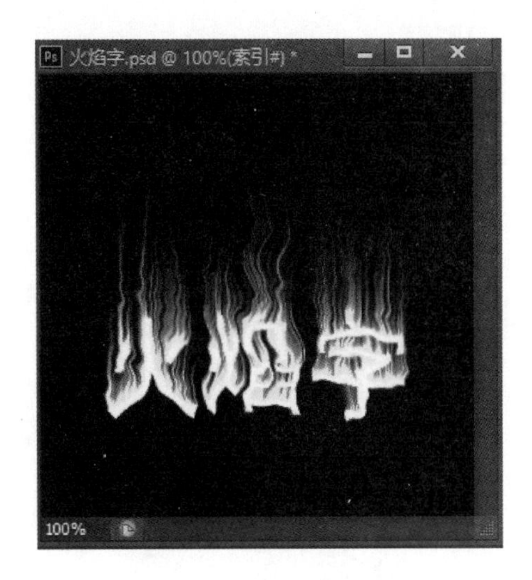

图 2—41　火焰字效果图

2. 创作过程

(1)新建一幅图像,名称为“火焰字”,将前景色设置成白色,背景色设置成黑色,并设置好其他参数,单击“确定”按钮,如图 2—42 所示。

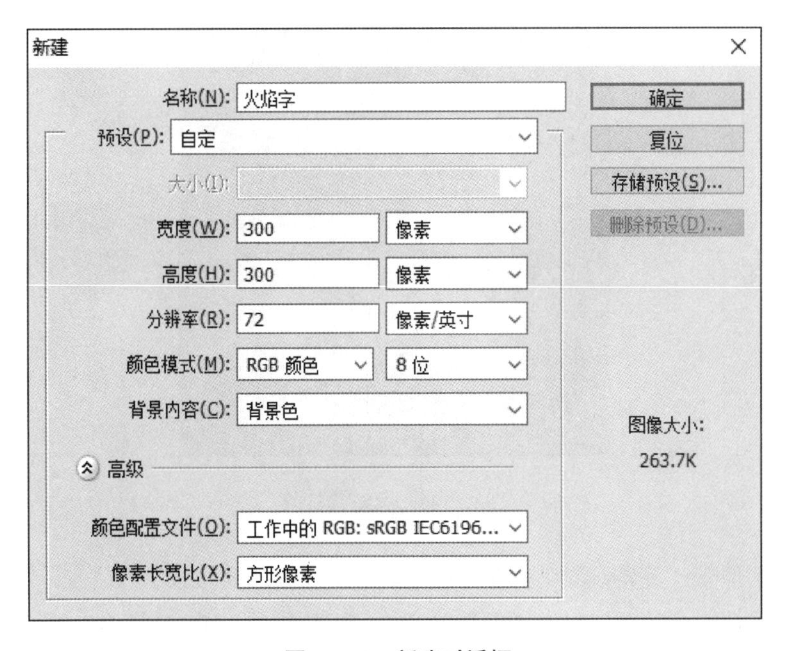

图 2—42　新建对话框

(2)选中文字工具 T,在图像中输入“火焰字”,执行“图像”→“旋转画布”→“90 度(顺时针)”命令,如图 2—43 所示。

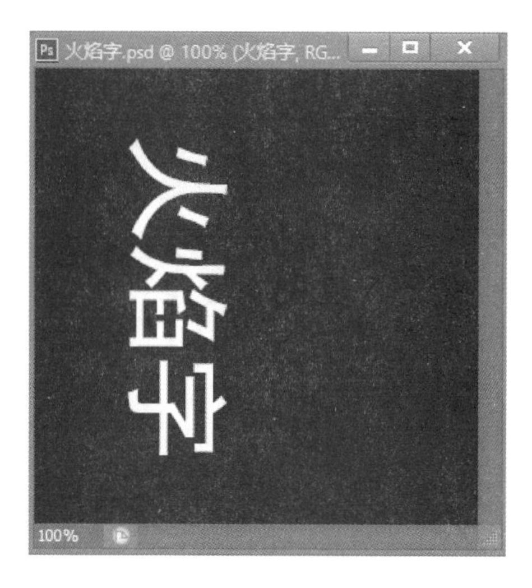

图 2—43　输入文字并旋转画布

(3)执行“滤镜”→“风格化”→“风”菜单命令，制作风吹字的效果，设置方法为风，方向设为“从左”。重复执行风操作 3 次(按“Ctrl+F”组合键 3 次)，如图 2—44 所示。

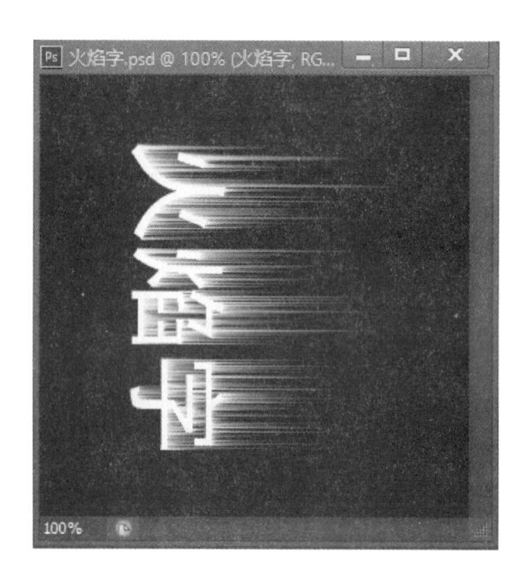

图 2—44　风滤镜应用

(4)执行“图像”→“旋转画布”→“90 度(逆时针)”菜单命令。

(5)执行“滤镜”→“扭曲”→“水波”菜单命令，设置数量为 5，起伏为 3；执行“滤镜”→“扭曲”→“波纹”菜单命令，设置数为 80%，大小为中。效果如图 2—45 所示。

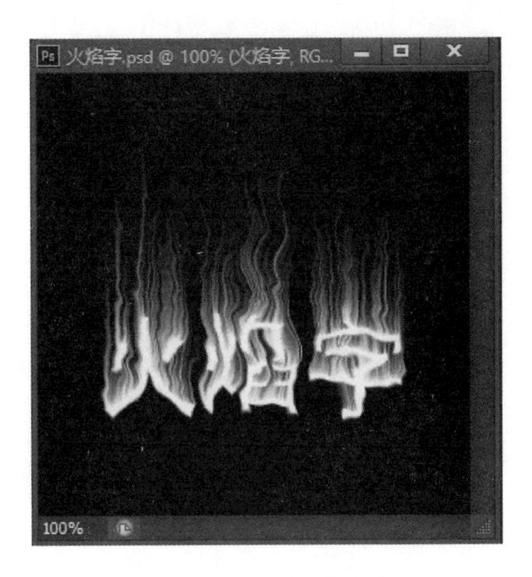

图 2—45　波纹等滤镜应用

(6)执行“图像”→“模式”→“灰度”菜单命令;执行“图像”→“模式”→“索引颜色”菜单命令;执行“图像”→“模式”→“颜色表”菜单命令。选择“黑体”,如图 2—46 所示。

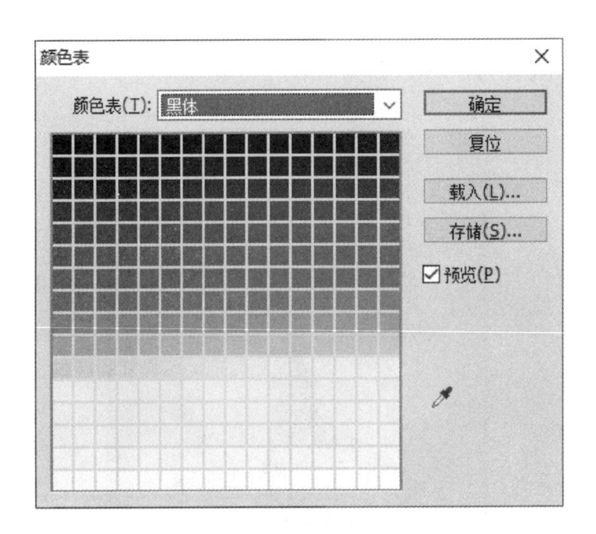

图 2—46　颜色表对话框

(7)执行“图层”→“拼合图层”菜单命令,最终效果如图 2—47 所示。按“Ctrl+S”组合键,保存文件。

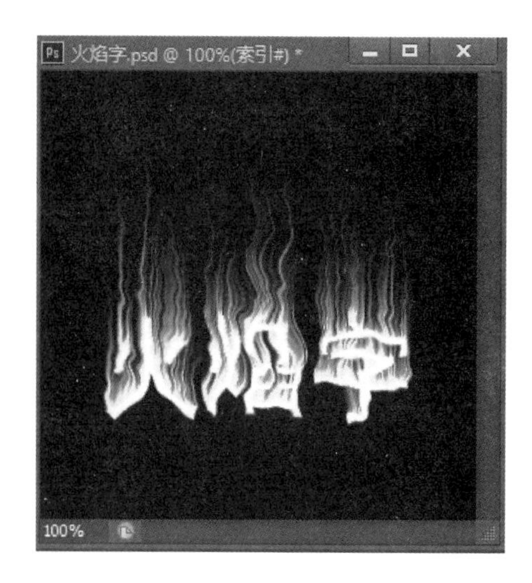

图 2—47　火焰字效果图

2.4.3　滤镜应用——服装秀

1. 操作要求

运用滤镜功能，制作服装秀广告。效果如图 2—48 所示。

图 2—48　服装秀效果图

2. 创作过程

(1)新建一幅图像，名称为“服装秀”，将背景色设置成白色，并设置好其他参数，如图 2—49 所示。单击“确定”按钮。

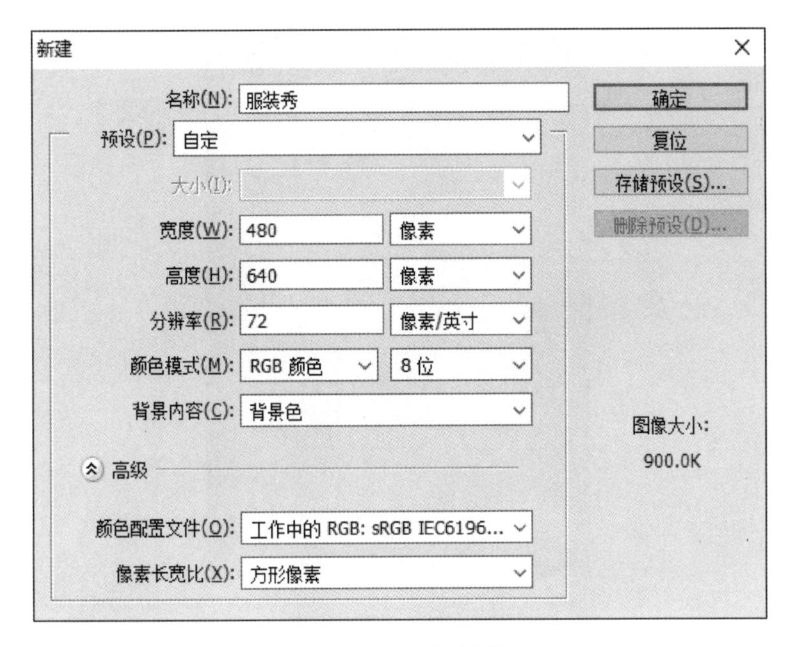

图 2－49　新建对话框

(2)新建一个图层,将前景色设置成紫色,将背景色设置成白色,执行“滤镜”→“渲染”→“云彩”菜单命令,对图像进行云彩滤镜。效果如图 2－50 所示。

图 2－50　云彩滤镜一

(3)新建一个图层,将前景色设置成红色,将背景色设置成黄色,执行“滤镜”→“渲染”→“云彩”菜单命令,对图像进行云彩滤镜。效果如图 2－51 所示。

图 2—51　云彩滤镜二

(4)在“图层”面板上,设置图层 2 的混合模式为“颜色”,如图 2—52 所示。效果如图 2—53 所示。

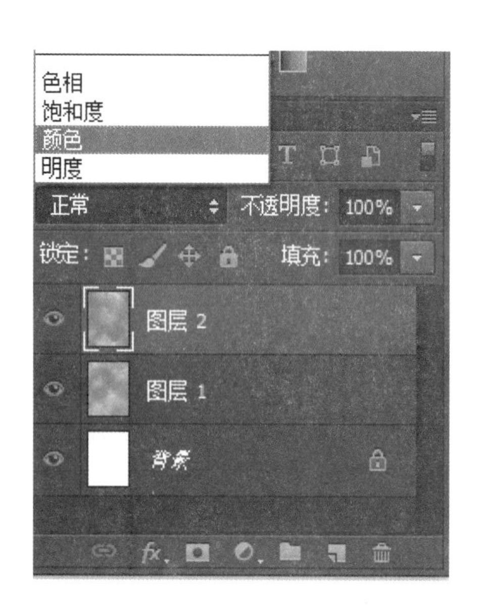

图 2—52　图层混合模式

图 2—53　混合后的云彩

(5)打开一幅人物图像,将人物抠取后复制到主图像中,如图 2—54 所示。

图 2－54　加入人物素材 1

(6)按下"Shift＋D"组合键,将前景色设为黑色,背景色设为白色;执行"滤镜"→"滤镜库"→"素描"→"绘图笔"菜单命令,设置描边长度为 15,明/暗平衡为 50,描边方向为左对角线,对图像进行绘图笔滤镜。效果如图 2－55 所示。

图 2－55　绘图笔滤镜应用效果图

(7)在"图层"面板上,设置人物图层的混合模式为"叠加",不透明度为 60%,如图 2－56 所示。效果如图 2－57 所示。

图 2—56　图层对话框

图 2—57　图层叠加效果图

(8)同理,打开另一幅人物图像,按照(5)、(6)的操作步骤进行,效果如图 2—58 所示。

图 2—58　加入人物素材 2

(9)在"图层"面板上,设置新建人物图层的混合模式为"颜色加深",不透明度为 50%,效果如图 2—59 所示。

图 2—59　颜色加深效果图

(10)打开另一幅人物图像，运用魔棒工具选取人物，将其复制到主图像中，此时的人物图像被自动放在图层 5 上，效果如图 2—60 所示。

图 2—60　加入人物素材 3

(11)将图层 5 复制，并命名为图层 6，在图层 6 的图像中，用魔棒工具在人物外围点击一次，然后按下“Shift＋Ctrl＋I”组合键选中该人物；按下“Ctrl＋Delete”组合键，将人物填充为白色，如图 2—61 和图 2—62 所示。

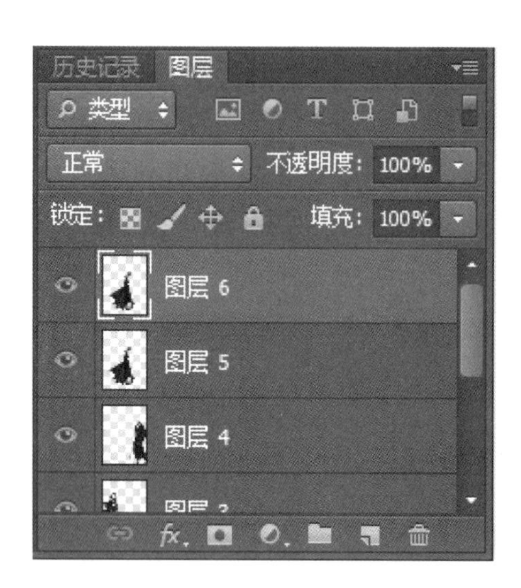

图 2－61　图层对话框

图 2－62　人物 3 白色填充

(12)按下“Ctrl＋D”组合键，取消选区；然后执行“滤镜”→“风格化”→“风”菜单命令 3 次，效果如图 2－63 所示。

图 2－63　风滤镜应用

(13)在“图层”面板上，调整图层 5 和图层 6 的顺序，将图层 5 移到图层 6 的上方，效果如图 2－64 所示。

图 2－64　调整图层

(14)选中文字工具 T ,在图像上输入文字“2019 中国服装展示会”,如图 2－65 所示。

图 2－65　输入文字

(15)选中文字图层,执行“图层”→“图层样式”→“投影”命令,打开“图层样式”对话框,勾选“投影”和“外发光”命令。参数可以自定义或者设为默认，如图 2—66 所示。

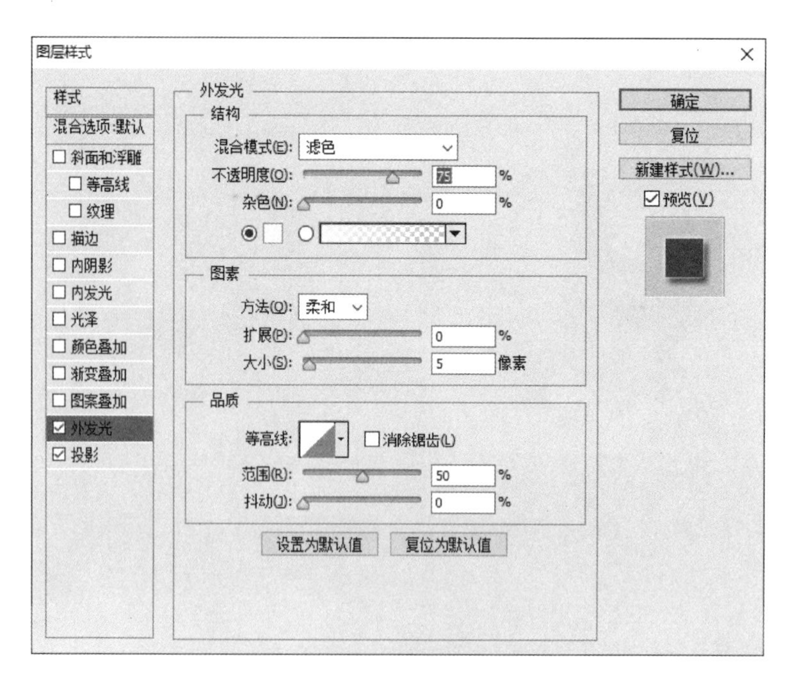

图 2—66　图层样式对话框

(16)最终效果如图 2—67 所示。

图 2—67　服装秀效果图

(17)按“Ctrl+S”组合键，保存文件。

2.5　路　径

2.5.1　路径概念

“路径”是指用户绘制的由一系列锚点连接而成的曲线或线段。用户可以沿着这些曲线或线段填充颜色，或者进行描边。路径与选区有着紧密的联系，两者之间可以相互转换。用路径工具可以在图像窗口中绘制非常复杂和精确的图形，图形绘制完成后，可以将其转换为选区。

使用工具箱中的钢笔工具或自由钢笔工具（如图 2－68 所示）可以方便地绘制任何线条，这些线条称为路径，路径是不包含像素的矢量对象，路径不能被打印出来，但可以存储。

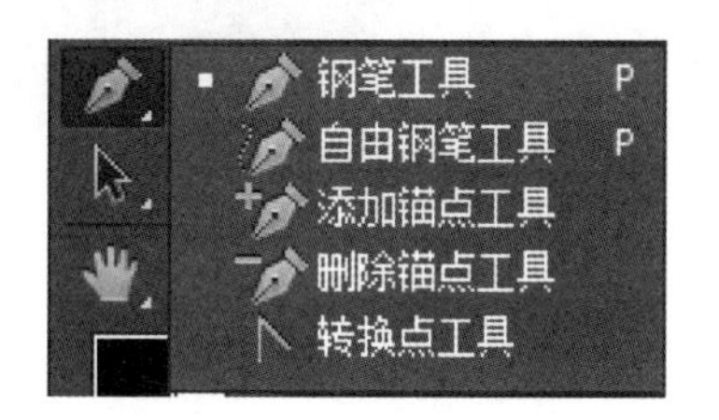

图 2－68　钢笔工具

在讲到路径时，首先需要了解一下矢量绘图。矢量绘图是一种特殊的绘图模式，它不同于 Windows 系统自带的“画图”软件，“画图”软件绘制出的内容是由“像素”组成的位图。例如，我们通常说的图像尺寸为 640×480 像素，表示这幅图像宽度和高度上的像素为 640 和 480。位图是由一个一个的像素点构成，将画面放大时，可以看到一些模糊的小方块，这些小方块就是“像素”，如图 2－69 所示。

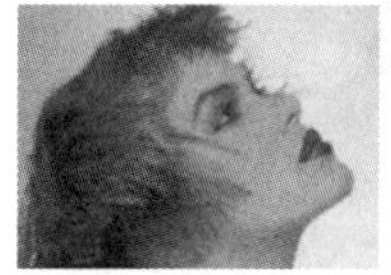
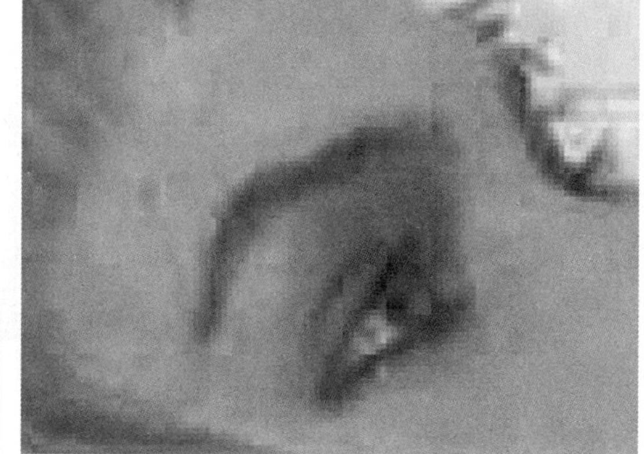

图 2－69　位图

而在 Photoshop 中使用“钢笔工具”或“形状工具”绘制出的内容为路径和填色，是一种不受画面大小影响的矢量绘图方式。矢量图形使用的颜色相对单一，但在放大和缩小时对象能够保持原有的清晰度和弯曲度，颜色和外形都不会发生变化，能够真正实现无级放大，如图 2－70 所示。因此，矢量图形经常用于户外的大型广告与海报的喷绘与印刷。

图 2－70　矢量图

2.5.2　路径应用——宝马标志

1. 操作要求

运用路径的功能，制作宝马标志。效果如图 2－71 所示。

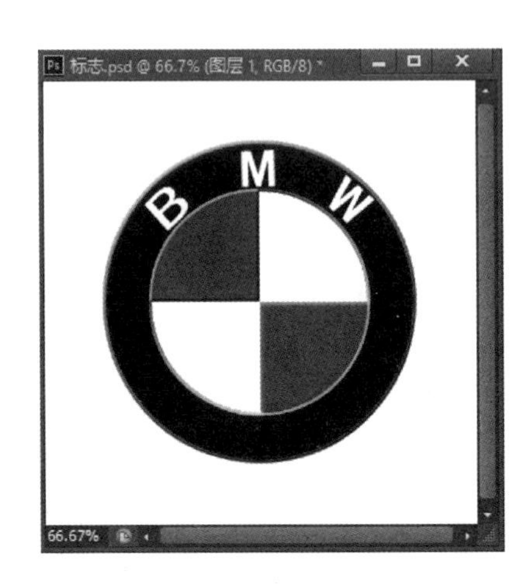

图 2－71　宝马标志

2. 创作过程

（1）新建一幅图像，名称为“标志”，将前景色设置成黑色，背景色设置成白色，设置大小为 500×500 像素。

(2)按下“Ctrl+R”组合键,调出标尺;按下“Ctrl+’”组合键,调出网格。

(3)单击“图层”面板上的新建图层按钮 ,新建一个图层1。

(4)在工具箱中选择椭圆工具,并在上方的工具栏中选择“路径”,如图2—72所示。

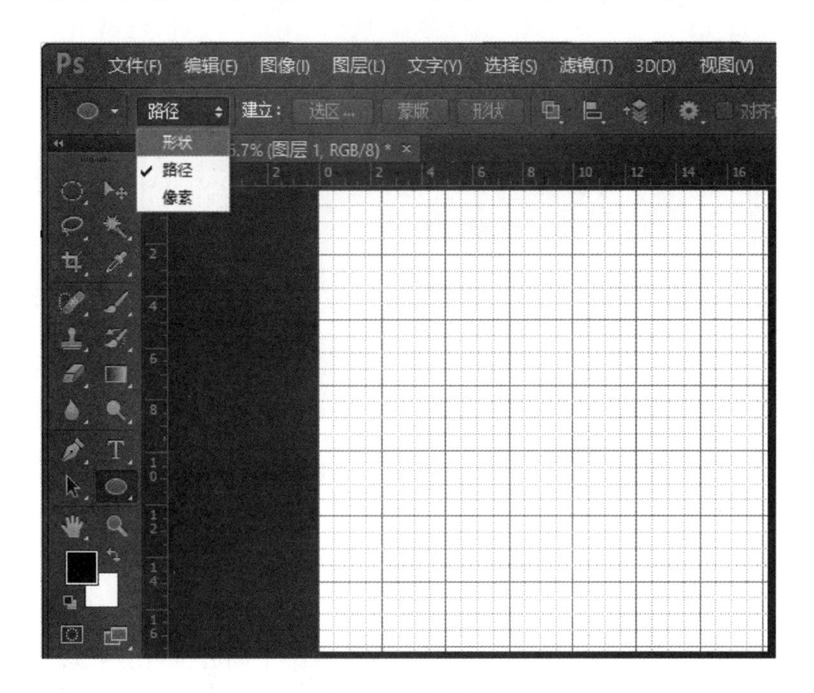

图2—72　调出路径

(5)按下“Alt+Shift”组合键,在主图像上画出一个圆,如图2—73所示。

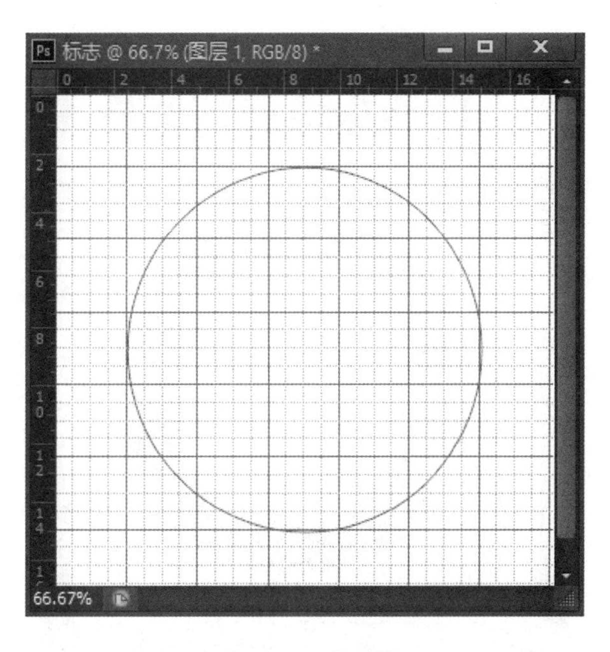

图2—73　绘制圆

(6)在工具箱中选择“路径选择工具”按钮 ，选中刚才绘制好的圆，单击鼠标右键，执行“建立选区”命令，按下“Alt+Delete”组合键，将圆用黑色进行填充。

(7)执行“编辑”→“描边”菜单命令，在弹出的对话框中输入设置，如图 2—74 所示。按下“Ctrl+D”取消选区。

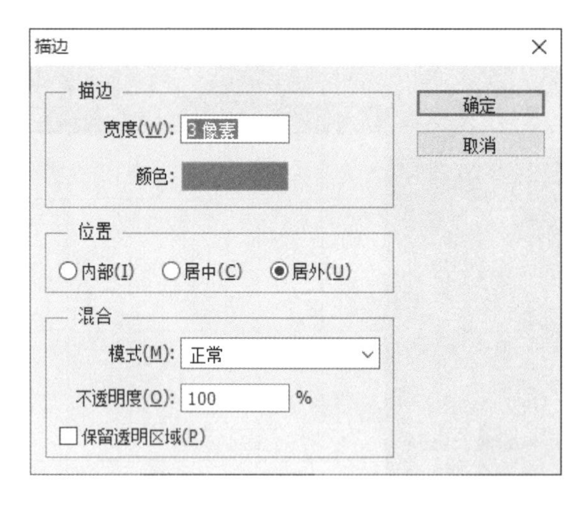

图 2—74 描边对话框

(8)再次按下“Alt+Shift”组合键，在主图像上画出一个同心圆，比刚才的圆半径小一些；在工具箱中选择“路径选择工具”按钮 ，选中刚才绘制好的圆，单击鼠标右键，执行“建立选区”命令，按下 Delete 键，将选区内黑色填充删除。

(9)执行“编辑”→“描边”菜单命令进行描边，设置宽度为 3 像素，颜色为淡灰色，位置为内部，如图 2—75 所示。

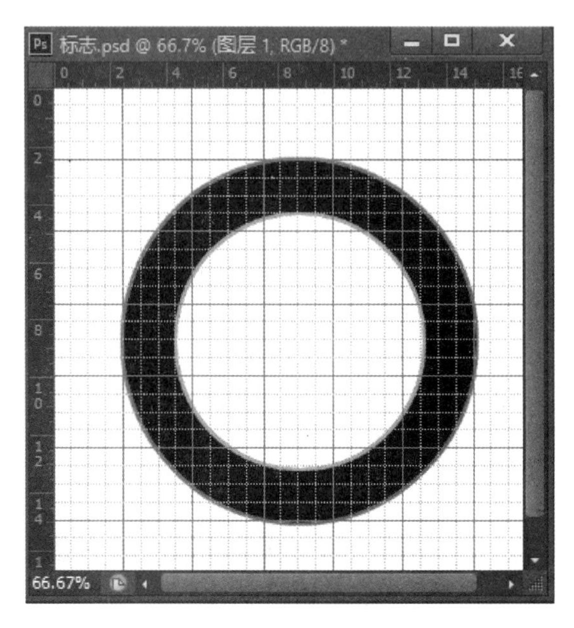

图 2—75 描边后的圆环

(10)在工具箱中选择“矩形选框工具”按钮 ，并在上方的工具栏中选择“从选区减去”按钮 ，在主图像上，将圆选区减为两个对角的四分之一圆，如图 2－76 所示。

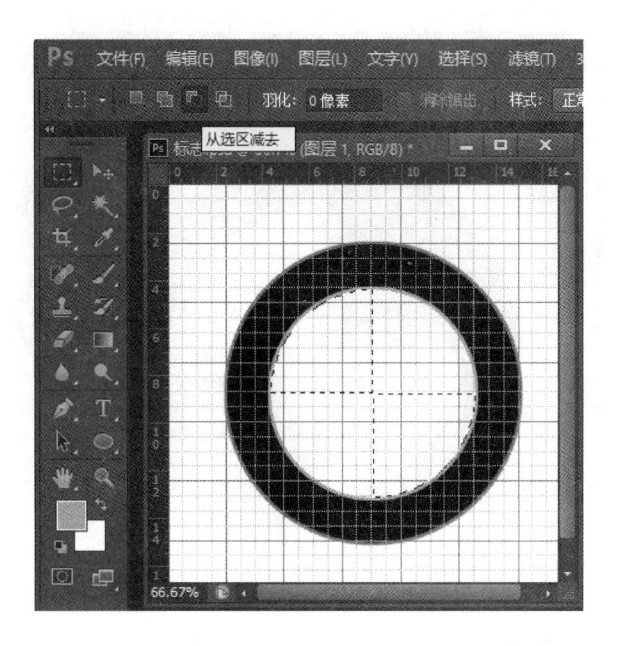

图 2－76　减选区的应用

(11)执行“编辑”→“描边”菜单命令进行描边，设置宽度为 3 像素，颜色为淡灰色，位置为内部。

(12)将前景色设置为蓝色，按下“Alt＋Delete”组合键，将圆用蓝色进行填充。再次按下“Ctrl＋R”组合键，按下“Ctrl＋’”组合键，取消标尺与网格，如图 2－77 所示。

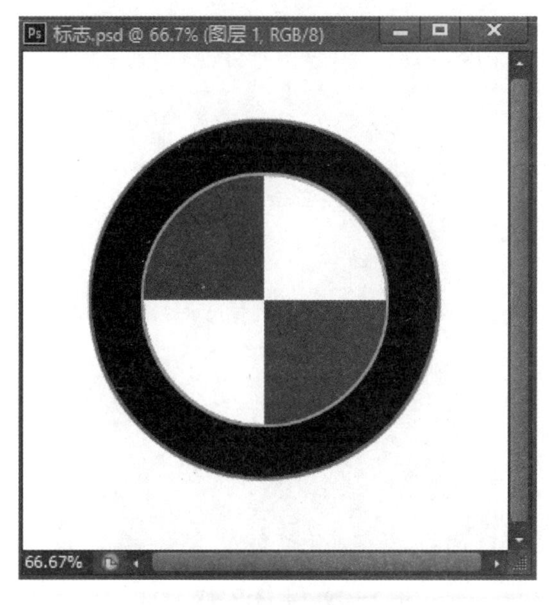

图 2－77　蓝色填充

(13)将前景色设置为白色，再次运用路径功能，绘制一个圆的路径。选中文字工具T，将光标移动到刚才绘制的路径“圆”上，使得文字沿路径走，如图 2—78 所示。

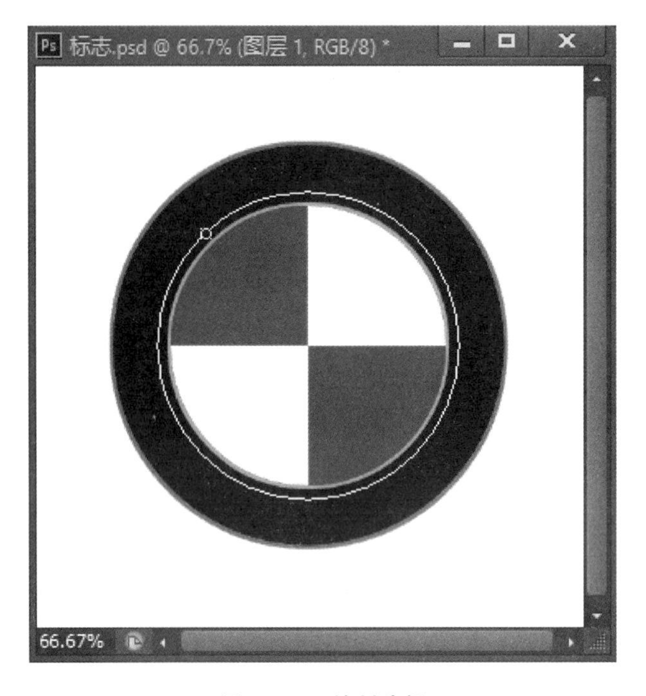

图 2—78　绘制路径

(14)输入文字“BMW”，设置字体为“黑体”，大小为“60”，颜色为“白色”。具体设置如图 2—79 所示。

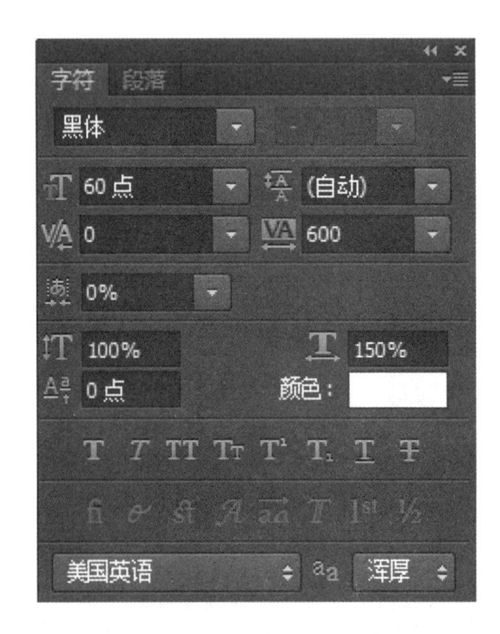

图 2—79　字符设置对话框

(15)在“图层”面板中,选择图层 1,执行“图层”→“图层样式”→“斜面与浮雕”命令,打开“图层样式”对话框,勾选“斜面与浮雕”和“外发光”命令(此处,用户可以自行试用其他样式)。最终效果如图 2—80 所示。

图 2—80　宝马标志效果图

(16)按“Ctrl+S”组合键,保存文件。

2.5.3　路径应用——登山广告

1. 操作要求

运用路径的功能,制作登山广告。效果如图 2—81 所示。

图 2—81　登山广告效果图

2. 创作过程

(1)新建一幅图像,名称为“登山广告”,将前景色设置成黄色,背景色设置成白色,设置大小为 600×480 像素。

(2)单击“图层”面板上的新建图层按钮 ,新建一个图层 1。

(3)在工具箱中单击“矩形选框工具”按钮 右下角的三角形,选择“椭圆选框工具”,在图层 1 上绘制一个圆选区;然后在工具栏中选择“从选区减去”按钮 ,按住 Alt 键,在圆选区的下方绘制一个矩形,形成选区如图 2—82 所示。

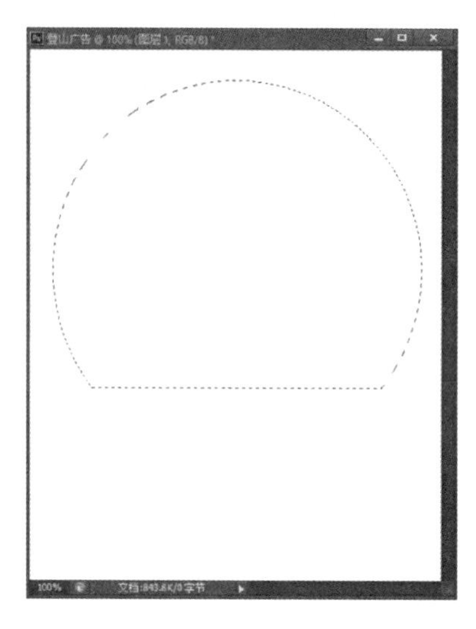

图 2—82 选区绘制

(4)在工具箱中单击“渐变工具”按钮 ,选择“椭圆选框工具”,在工具栏上设置渐变图案为“白、黄”渐变,单击径向渐变按钮 ,其他属性设置如图 2—83 所示。然后把光标定位在选区的中心,向右下角拉出一条线,效果如图 2—84 所示。

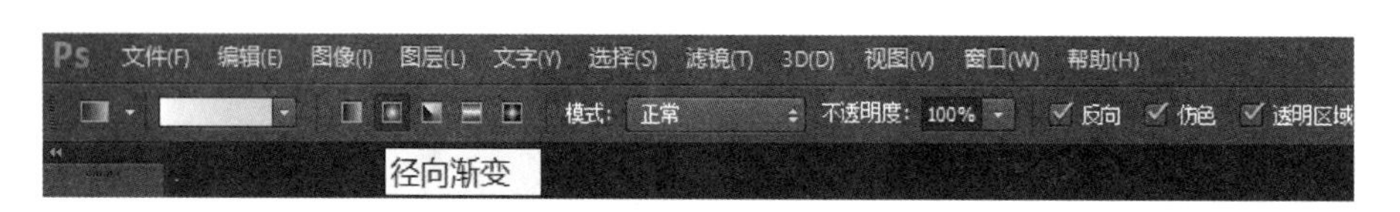

图 2—83 径向渐变设置

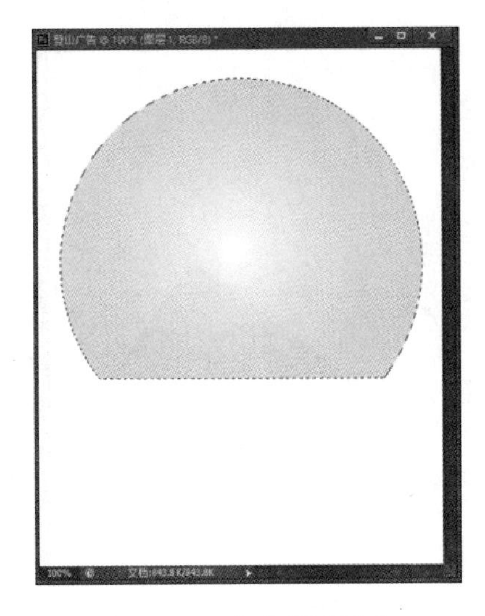

图 2－84　径向渐变填充

（5）按下“Ctrl＋D”组合键取消选区；新建一个图层 2，在工具箱中单击“钢笔工具”按钮 ，在主图像中绘制一个三角形路径，如图 2－85 所示。

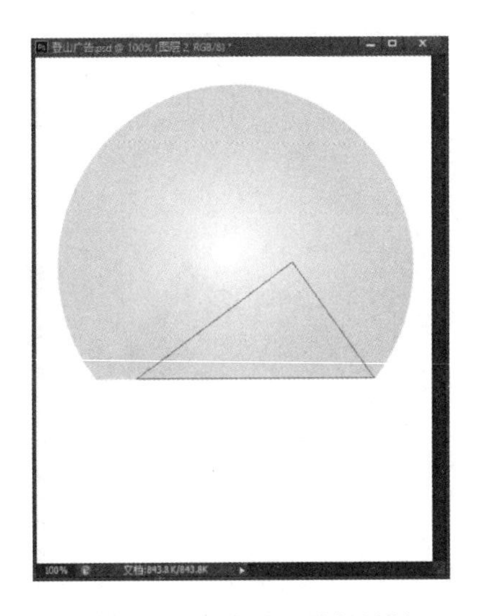

图 2－85　三角形 1 路径绘制

（6）在工具箱中单击“路径选择工具”按钮 ，选中刚才绘制好的三角形，单击鼠标右键，执行“建立选区”命令；将前景色设置为深绿色，按下“Alt＋Delete”组合键，将三角形用深绿色进行填充。填充效果如图 2－86 所示。

图 2—86　三角形 1 颜色填充

(7)同理,新建一个图层 3。在图层 3 上,运用(5)、(6)步骤操作绘制另一个三角形,并用淡绿色进行填充,如图 2—87 所示。

图 2—87　三角形 2 颜色填充

(8)按下"Ctrl+D"组合键取消选区;新建一个图层 4,在工具箱中单击"钢笔工具"按钮 ,在主图像中绘制一个复杂的多边形路径,如图 2—88 所示。

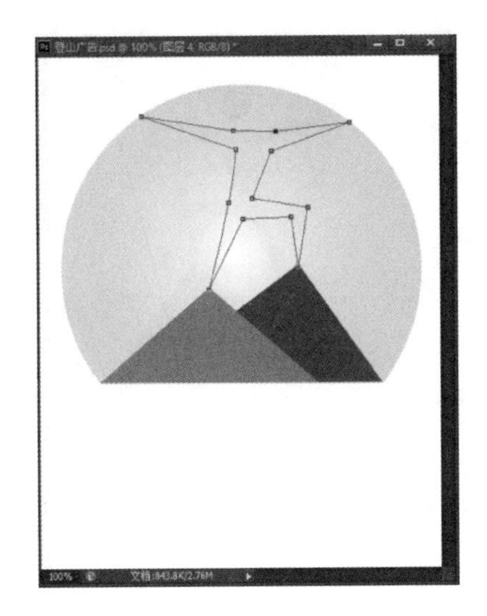

图 2—88　身躯路径绘制

(9)在工具箱中单击“路径选择工具”按钮 ，选中刚才绘制好的多边形，单击鼠标右键，执行“建立选区”命令；将前景色设置为红色，按下“Alt+Delete”组合键，将三角形用红色进行填充。填充效果如图 2—89 所示。

图 2—89　身躯红色填充

(10)在工具箱中选择椭圆工具，并在上方的工具栏中选择“路径”，在图层 4 的人物图像上绘制一个圆的路径，在工具箱中单击“路径选择工具”按钮 ，选中刚才绘制好的圆，单击鼠标右键，执行“建立选区”命令；将前景色设置为黑色，按下“Alt+Delete”组合键，将圆选区用红色进行填充。填充效果如图 2—90 所示。

图 2—90　添加人物头部

(11)在工具箱中单击“文字工具”按钮 T,在图像上输入文字“Mountaineering enthusiasts”和“登山爱好者”,如图 2—91 所示。

图 2—91　添加文字

(12)在“图层”面板中,选择“登山爱好者”文字的图层,执行“图层”→“图层样式”→“投影”命令,打开“图层样式”对话框,勾选“投影”和“外发光”命令,效果如图 2—92 所示。

(13)按“Ctrl+S”组合键,保存文件。

图 2—92　添加图层样式

2.6　通　道

通道的概念是由分色印刷的印版概念演变而来，在 Photoshop 的“通道”面板中可以看到组成画面的每种颜色都是被记录在一个单独的通道里，每种颜色通道就好似分色印刷中的一块单色印版。“通道”具有存储颜色信息和选区信息的功能，通道是 Photoshop 中十分重要的图像处理手段，可以看作是一个特殊的图层。

2.6.1　通道的分类

Photoshop 中，通道主要有三大类型：颜色通道、Alpha 通道和专色通道。颜色通道和专色通道是用于存储颜色信息，而 Alpha 通道则用于存储选区。

1. 颜色通道

Photoshop 采用特殊的灰度通道存储图像颜色信息和专色信息，通道是基于图像的颜色模式。颜色通道用来记录图像颜色信息。不同颜色模式的图像显示的颜色通道个数也不同。例如，打开一幅 RGB 模式的图像（如上一节中的“登山广告”图像）时，Photoshop 将自动创建一个复合通道（RGB）和 3 个单色通道（红、绿、蓝），如图 2—93 所示。而 CMYK 模式的图像则显示青色、洋红、黄色、黑色四个通道。

2. Alpha 通道

Alpha 通道用于存储图像中的选区，用户可以在 Alpha 通道中绘画、填充颜色、应用滤镜等。Alpha 通道能够以黑白图的形式存储选区，在 Alpha 通道中白色部分为选区内部，黑色部分为选区外部，灰色部分则表示半透明的选区。例如，将登山广告中的腿部选区存储为 Alpha1 通道，如图 2—94 所示。

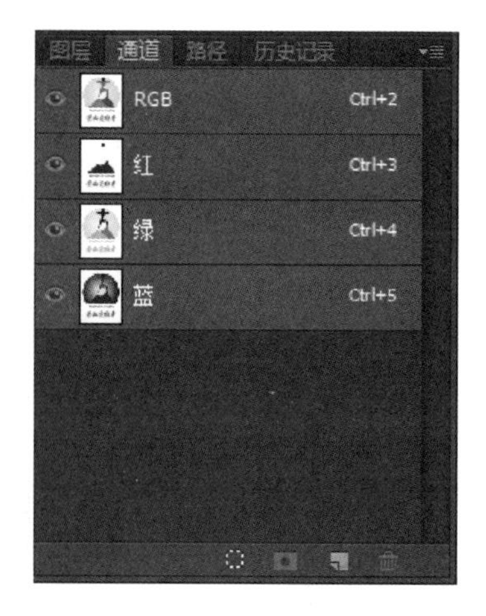

图 2—93　RGB 颜色通道

图 2—94　Alpha 通道

3. 专色通道

专色通道是用来保存专色信息的一种通道。每个专色通道可以存储一种专色的颜色信息和该颜色所处的范围。除位图模式无法创建专色通道之外，其他色彩模式的图像都可以建立专色通道。在专色通道中，黑色区域为使用专色的区域，用白色涂抹的区域无专色。

专色通道主要用于专色油墨印刷的附加印版，以满足不同图像的打印需求，即增加图像在印刷时除标准印刷色(CMYK:青色、洋红、黄色和黑色)以外的油墨颜色。

2.6.2　通道的基本操作

Photoshop 中，通道的基本操作可以在“通道”面板上进行，在面板的底部有最重要的四个按钮，分别为：将通道作为选区载入、将选区存储为通道、创建新通道、删除当前通道。

1. 将通道作为选区载入

单击此按钮，可以将当前通道中的内容转换为选区，或者将某一通道拖动至该按钮上来安装选区。

2. 将选区存储为通道

单击此按钮，可以将当前图像中的选区转换成一个蒙版保存至一个新的 Alpha 通道中。

3. 创建新通道

单击此按钮，可以快速建立一个新的通道。如果拖动某个通道至“创建新通道”按钮上，可以快速复制该通道。

4. 删除当前通道

单击此按钮，可以删除当前作用的通道。如果拖动某个通道至“删除当前通道”按钮上，可以删除该通道。但是，主通道(RGB 通道)不能被删除。

通道的基本操作都可以在面板中进行，鼠标右键单击通道面板右上角的小三角形，可以打开“通道”的菜单，如图 2—95 所示。

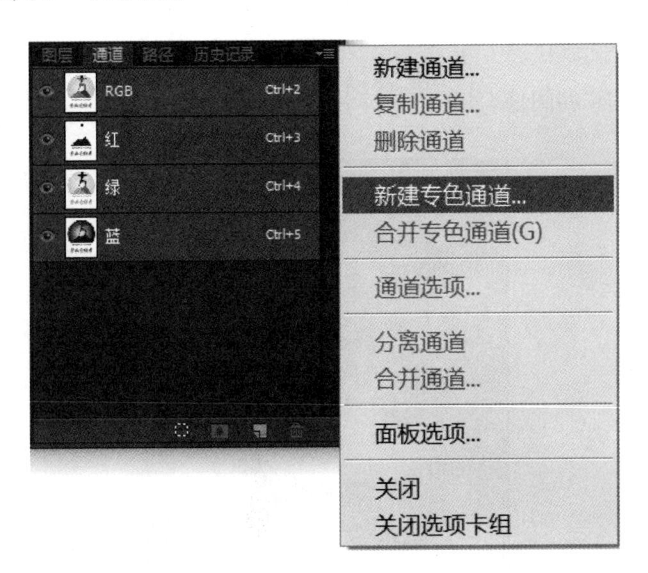

图 2—95　通道菜单

2.6.3　通道应用——瓶中之花

1. 操作要求

运用通道功能，制作瓶中之花。效果如图 2—96 所示。

图 2—96　瓶中之花效果图

2. 创作过程

(1)打开一幅“瓶子”的图像,如图 2—97 所示。

图 2—97　瓶子素材图

(2)在工具箱中单击“磁性套索工具”按钮 ,沿瓶子周围制作好选区,如图 2—98 所示。

图 2—98　瓶子选区

(3)打开“通道”控制面板,单击“将选区存储为通道”按钮 ,将刚才的选区存储为 Alpha 1 通道,然后按下组合键“Ctrl+D”取消选区,如图 2—99 所示。

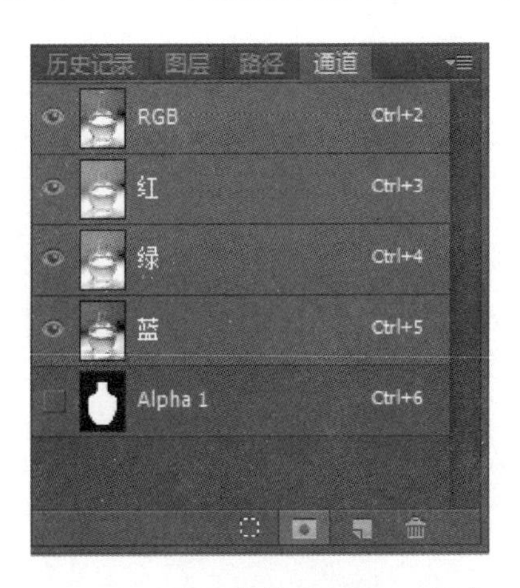

图 2—99　选区存储为 Alpha 1 通道

(4)执行菜单“文件”→“置入”命令,将另一幅“花朵”图像置入主图像中,如图 2—100 所示。然后确认置入图片,并向下稍做移动。

图 2—100　置入花朵图像

(5)执行菜单“选择”→“载入选区”命令，在弹出的对话框中设置参数如图 2—101 所示。或者按下 Ctrl 键，用鼠标单击“通道”面板上的 Alpha 1 通道，以载入所制作的选区。

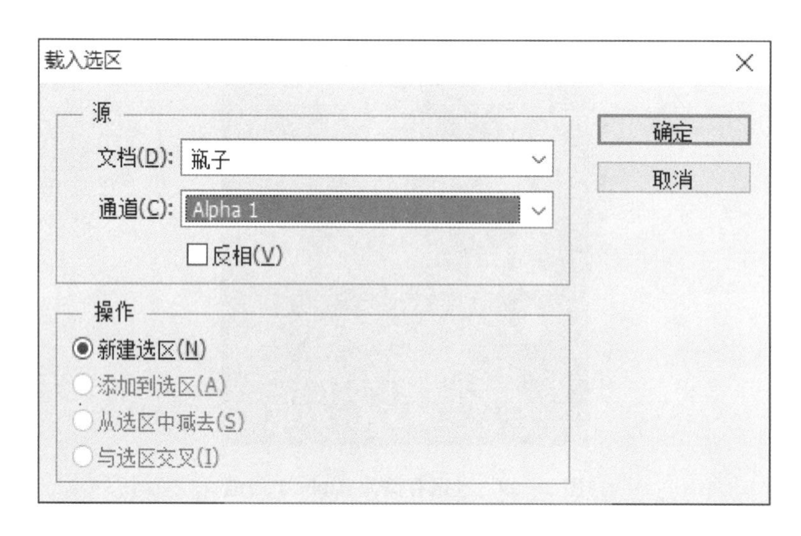

图 2—101　载入选区对话框

(6)在“图层”控制面板上，单击“添加图层蒙版”按钮 ，对花朵所在的图层添加蒙版，效果如图 2—102 所示。

(7)将图层混合模式由“正常”设为“变暗”，效果如图 2—103 所示。

(8)按“Ctrl+S”组合键，保存文件。

图 2－102　添加图层蒙版

图 2－103　最终效果图

2.7　应用案例

2.7.1　案例 1——扫黑除恶

1. 创作要求

运用选区、羽化、样式、图层混合等功能，制作扫黑除恶标语。效果如图 2－104 所示。

图 2—104　标语效果图

2. 创作过程

(1)运行 Photoshop 软件，将前景色设置为红色，背景色设置为黄色，执行菜单命令“文件”→“新建”命令，如图 2—105 所示。

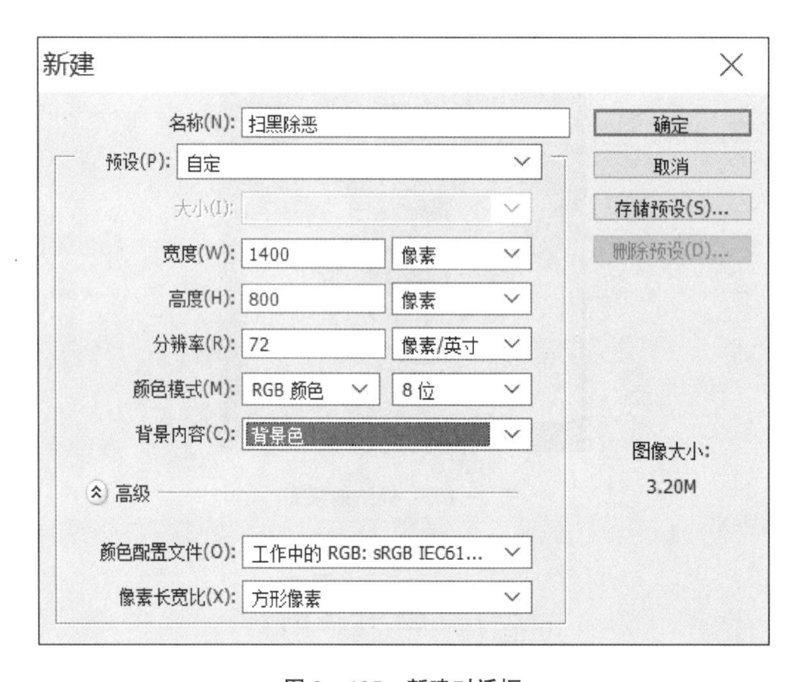

图 2—105　新建对话框

(2)在工具箱中单击“渐变工具”按钮 ，在主图像上从上往下拉出一条线进行径向渐变，效果如图 2—106 所示。

图 2—106　径向渐变应用

(3)打开一幅“天安门”图像，运用魔棒工具结合 Shift 键将白色部分全部选中，然后执行菜单“选择”→“反向”命令，选中天安门图像，如图 2—107 所示。

图 2—107　天安门选区

(4)执行菜单“选择”→“修改”→“羽化”命令，“羽化半径”输入“20”，如图 2—108 所示。

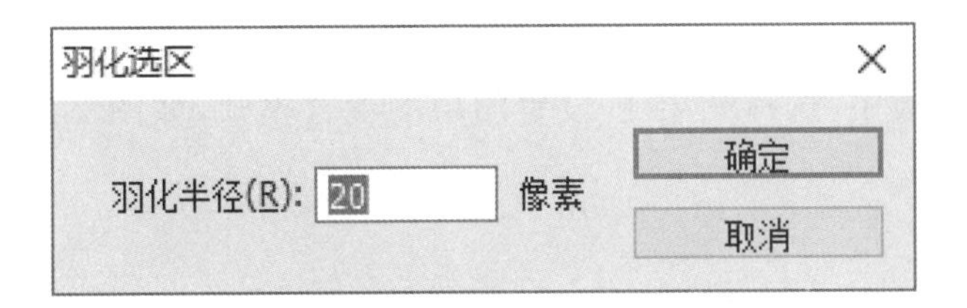

图 2—108　羽化选区对话框

(5)按下组合键“Ctrl+C”,回到“扫黑除恶”的主图像中,按下组合键“Ctrl+V”,如图2—109所示。

图2—109　添加天安门图像

(6)按下组合键“Ctrl+T”,将天安门图缩放至主图像的左下角,如图2—110所示。

图2—110　缩放后的天安门图像

(7)在“图层”面板中,选择图层1,设置图层的混合模式,如图2—111所示;效果如图2—112所示。

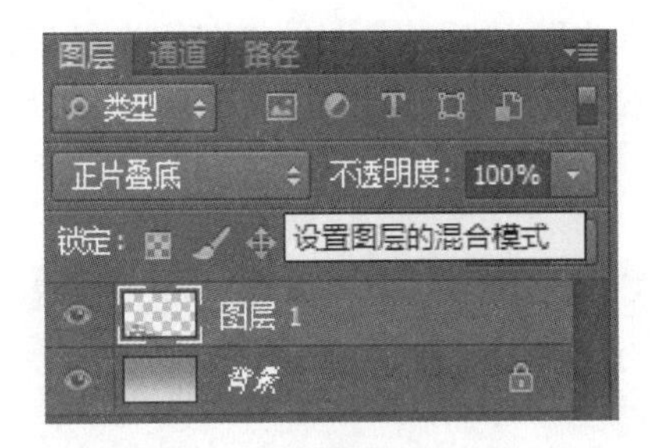

图 2—111　图层面板

图 2—112　图层混合效果图

(8)打开另一幅“龙柱”图像，运用魔棒工具结合 Shift 键将黄色部分全部选中，然后执行菜单“选择”→“反向”命令，选中龙柱图像，如图 2—113 所示。

图 2—113　龙柱选区

(9)执行菜单"选择"→"修改"→"羽化"命令,"羽化半径"输入"20",按下组合键"Ctrl+C",回到"扫黑除恶"的主图像中,按下组合键"Ctrl+V",调整大小并安放到右下角,如图2—114所示。

图2—114　羽化后的龙柱

(10)打开另一幅"警徽"图像,运用魔棒工具结合 Shift 键将白色部分全部选中,然后执行菜单"选择"→"反向"命令,选中警徽图像,如图2—115所示。

图2—115　警徽图像

(11)执行菜单"选择"→"修改"→"羽化"命令,"羽化半径"输入"20",按下组合键"Ctrl+C",回到"扫黑除恶"的主图像中,按下组合键"Ctrl+V",调整大小并安放到左上角,如图

2—116 所示。

图 2—116　羽化后的警徽

(12)打开另一幅“拳头”图像，运用魔棒工具、多边形套索工具，结合 Shift 键将拳头部分图像全部选中，如图 2—117 所示。

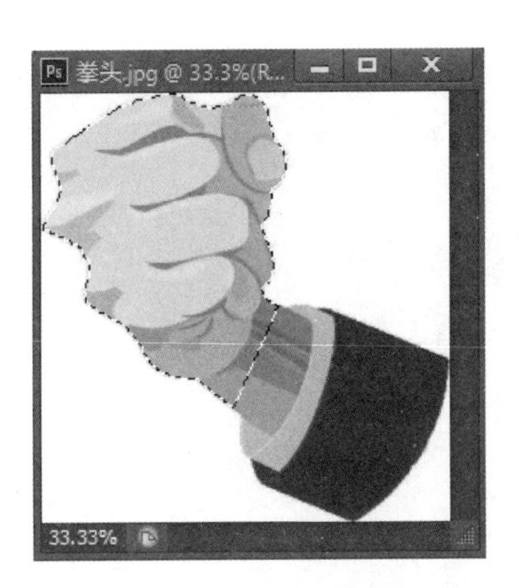

图 2—117　拳击图像

(13)执行菜单“选择”→“修改”→“羽化”命令，“羽化半径”输入“40”，按下组合键“Ctrl＋C”，回到“扫黑除恶”的主图像中，按下组合键“Ctrl＋V”，调整大小并安放到中间，在“图层”控制面板上，设置图层混合模式为“正片叠底”，不透明度为 70％，效果如图 2—118 所示。

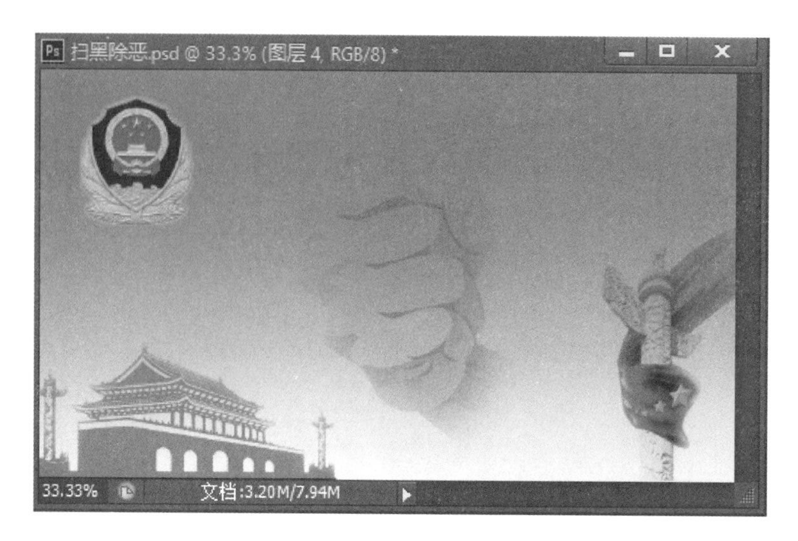

图 2—118　设置混合模式后的拳击图像

(14)在工具箱中单击"文字工具"按钮 ，设置字体为"黑体"，大小为"120"，在图像上输入文字"重拳出击"和"扫黑除恶"八个大字；并将"拳"和"黑"字的大小改为"140"，将"黑"字的颜色设为黑色，如图 2—119 所示。

图 2—119　添加文字

(15)在"图层"面板中，选择"重拳出击"文字的图层，执行"图层"→"图层样式"→"投影"命令，打开"图层样式"对话框，勾选"投影"命令；同理，对"扫黑除恶"文字图层也进行"投影"的样式应用，效果如图 2—120 所示。

(16)按"Ctrl+S"组合键，保存文件。

图 2—120　文字添加图层样式

2.7.2　案例 2——玉镯设计

1. 创作要求

运用选区、样式等功能，制作玉镯。效果如图 2—121 所示。

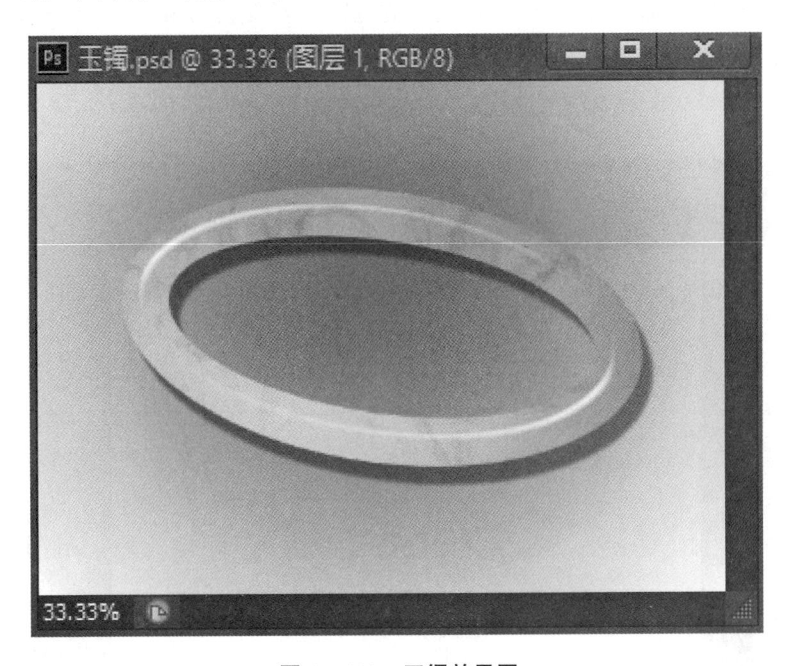

图 2—121　玉镯效果图

2. 创作过程

(1)打开一幅从网上下载的“大理石”图像，执行“视图”→“显示”→“网格”命令，调出网格工具,运用椭圆选框工具生成一个椭圆选区,如图 2—122 所示。

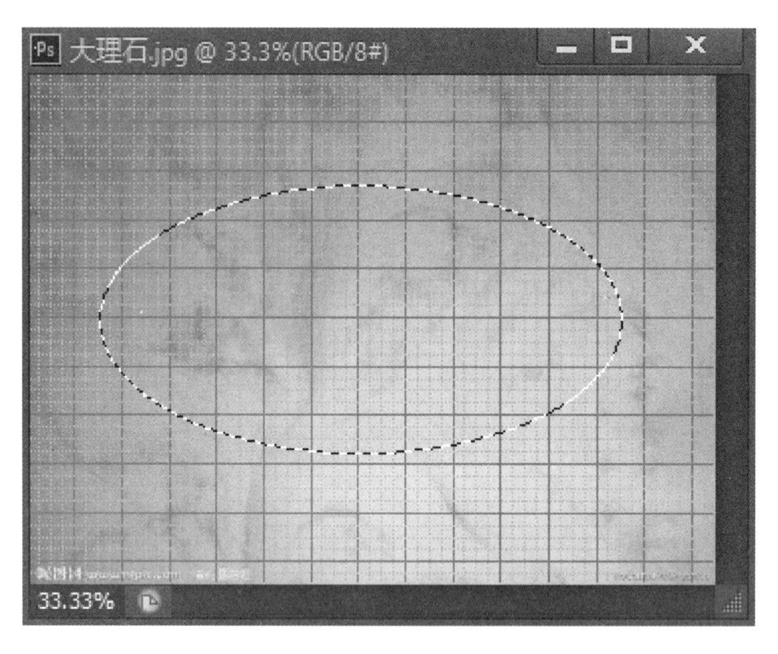

图 2—122　椭圆选区绘制

(2)新建一个文件,命名为“玉镯”,将刚才的选区内容复制到新文件“玉镯”的主图像中,然后在“玉镯”的主图像上拉出一个小的椭圆选区,删除小选区的内容,生成图像如图 2—123 所示。

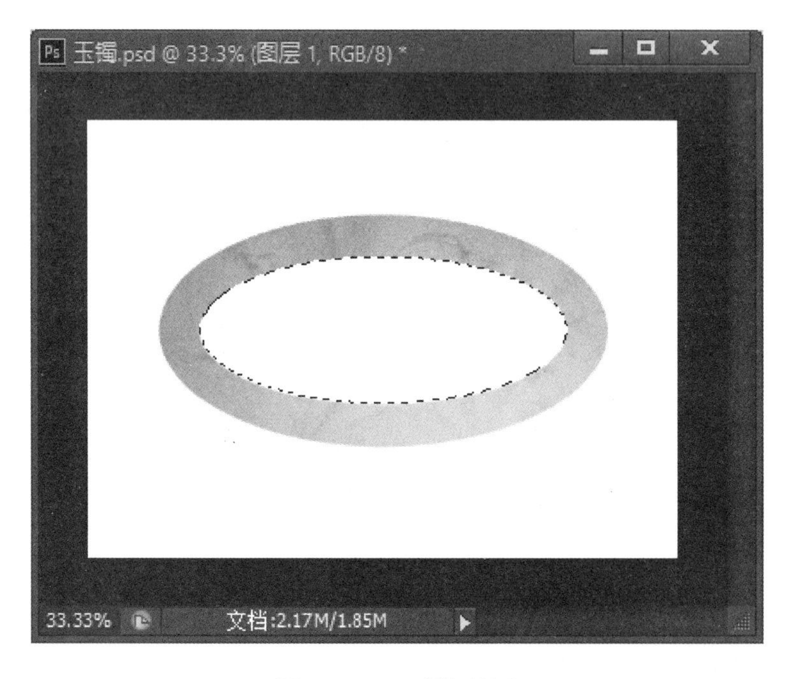

图 2—123　玉镯初始图

(3)按下组合键"Ctrl＋D"取消选区,按下组合键"Ctrl＋T"将图像旋转一定角度,如图 2－124 所示。然后双击图像确认旋转结束。

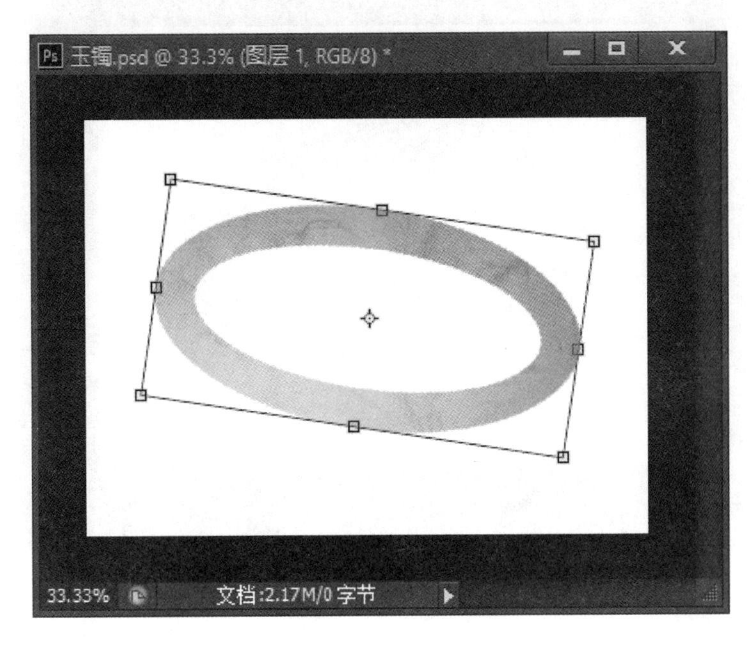

图 2－124　对玉镯旋转

(4)在"图层"面板中,执行"图层"→"图层样式"→"斜面与浮雕"命令,打开"图层样式"对话框,勾选"斜面与浮雕"命令,设置参数如图 2－125 所示。效果如图 2－126 所示。

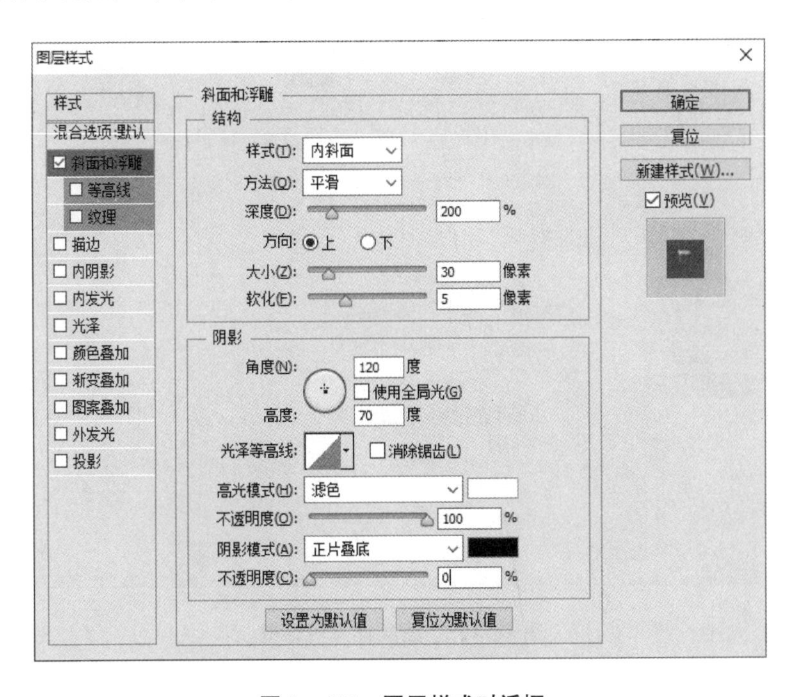

图 2－125　图层样式对话框

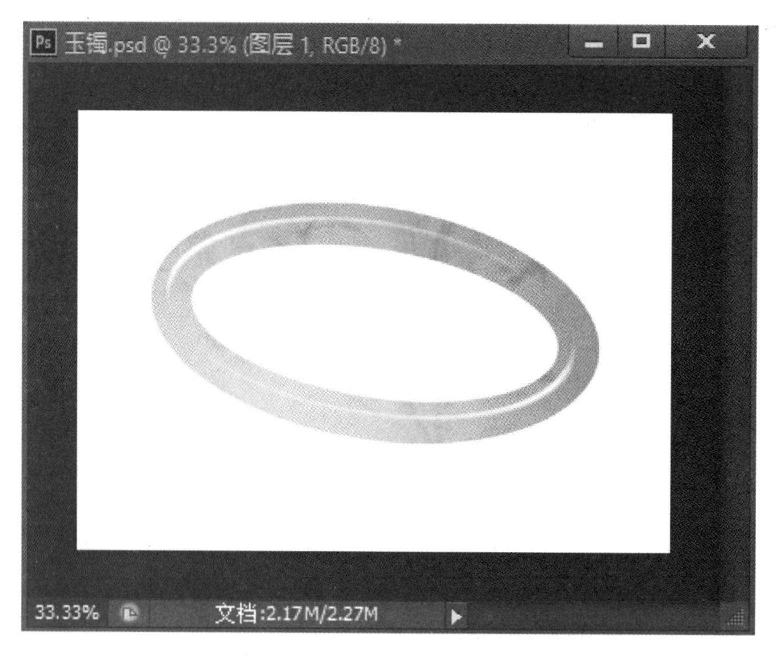

图 2—126　应用斜面与浮雕后的玉镯

(5)执行菜单“图层”→“图层样式”→“投影”命令，打开“图层样式”对话框，勾选“投影”命令；设置参数如图 2—127 所示。实现效果如图 2—128 所示。

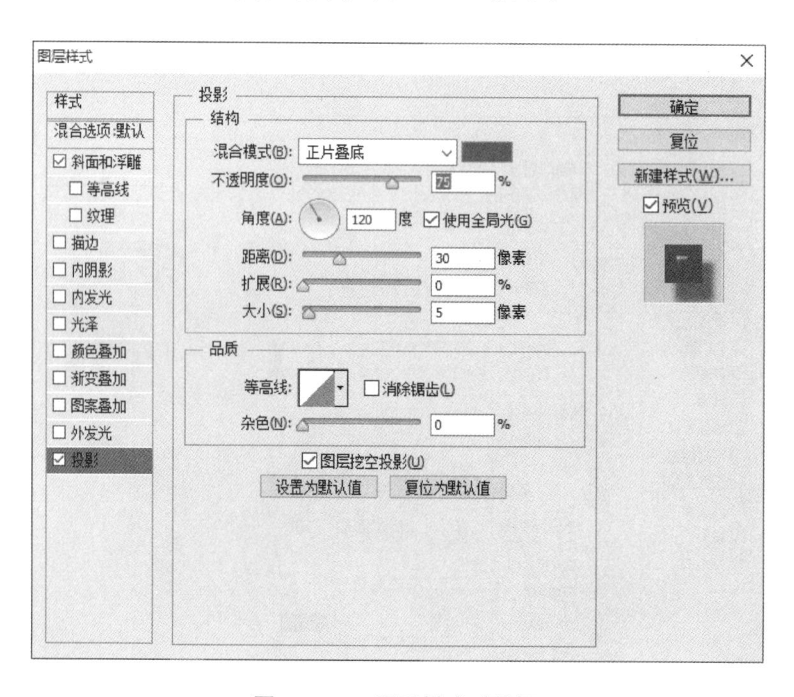

图 2—127　图层样式对话框

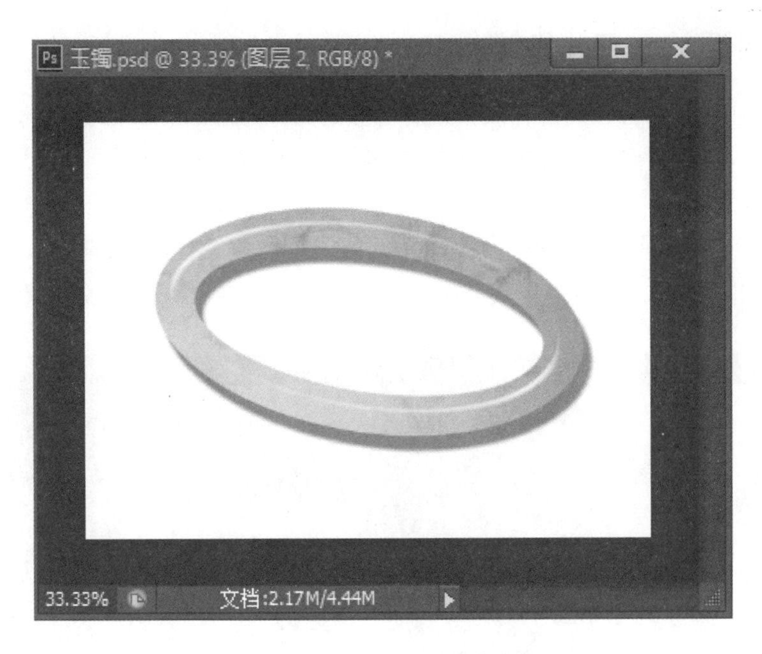

图 2－128　应用投影后的玉镯

(6)这一步将为玉镯设置一幅背景图，否则显得背景不是很协调。将前景色设为蓝色，背景色设为白色，在“图层”控制面板上单击“背景”图层，然后再创建一个新图层 2，运用径向渐变工具在新建的图层上从中心往右下角拉出一条线，形成渐变效果，如图 2－129 所示。

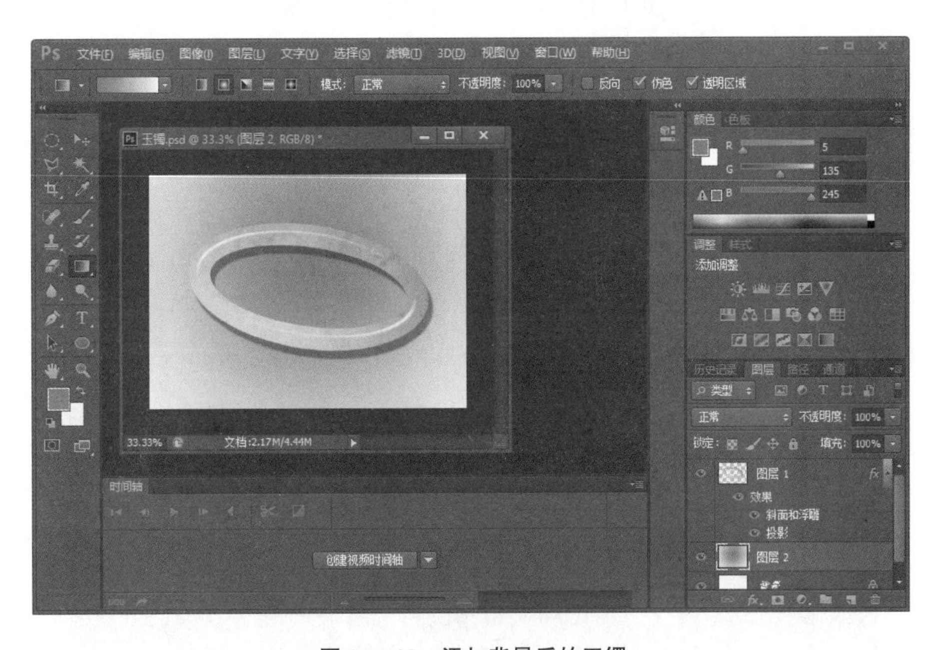

图 2－129　添加背景后的玉镯

(7)按“Ctrl＋S”组合键，保存文件。

2.7.3 案例 3——照片修复

在现实生活中，经常会看到各种破损或有污点的图像，如人物照片的脸上有灰尘、痣，风景照片上有垃圾等，这就需要对图片进行修饰与完善。

1. 创作要求

运用画笔修复工具或仿制图章工具，对一幅“带痣的女人”照片进行处理，去掉脸上的痣。原图和效果图如图 2—130 所示。

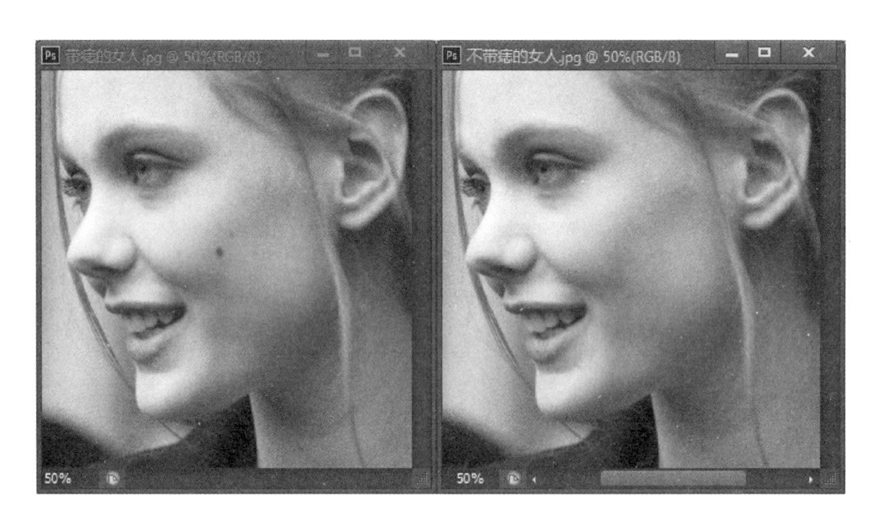

图 2—130　带痣的女人原图与效果图

2. 创作过程

（1）打开一幅从网上下载的“带痣的女人”图像，如图 2—131 所示。

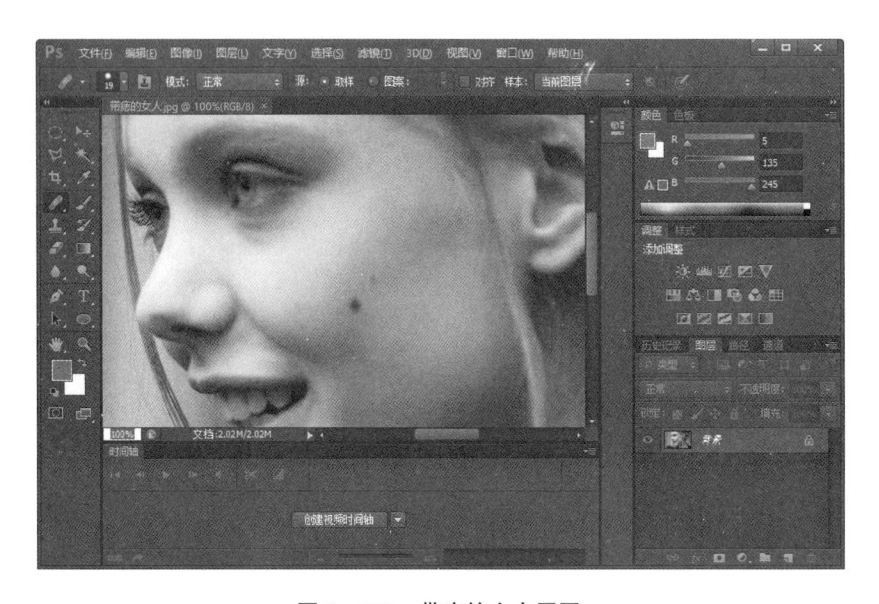

图 2—131　带痣的女人原图

(2)在工具箱中单击“修复画笔工具”按钮 ，执行第二行的“修复画笔工具”按钮命令，如图 2－132 所示。然后在最上面的选项栏中设置“模式”为“正常”，设置“源”方式为“取样”，设置画笔“大小”为“20 像素”，如图 2－133 所示。

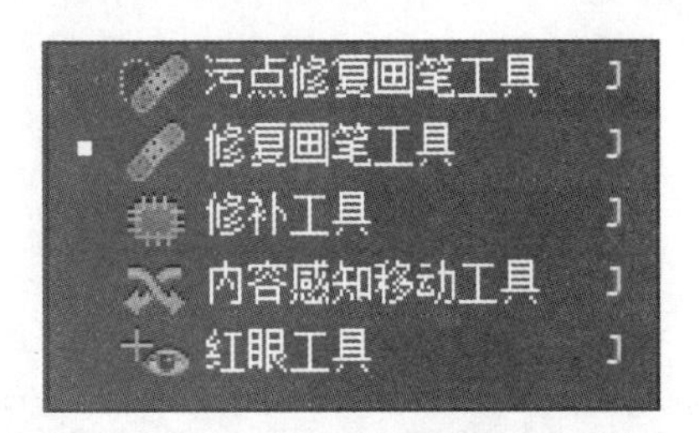

图 2－132　修复画笔工具

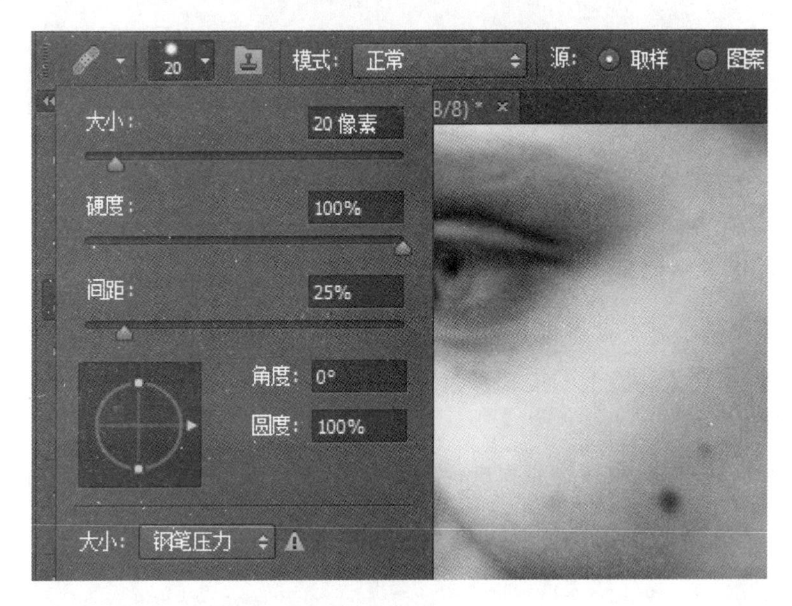

图 2－133　修复画笔工具对话框

(3)将光标置于脸上黑痣旁边位置，按住 Alt 键，单击鼠标进行取样，定义用来修复痣的源点。(注意：在定义源点取样时，尽量靠近要修复的图像区域，这样修复后的区域和原先周围的区域融合时不会出现明显的修复痕迹；在设置画笔的大小时，也要根据修复区域的大小进行调整，以便更好地修复照片。)

(4)放开 Alt 键，鼠标在痣上单击进行修复，在修复时，可以多次取样，以便得到最佳的修复效果。修复后的最终效果如图 2－134 所示。

(5)按“Ctrl＋S”组合键，保存文件。

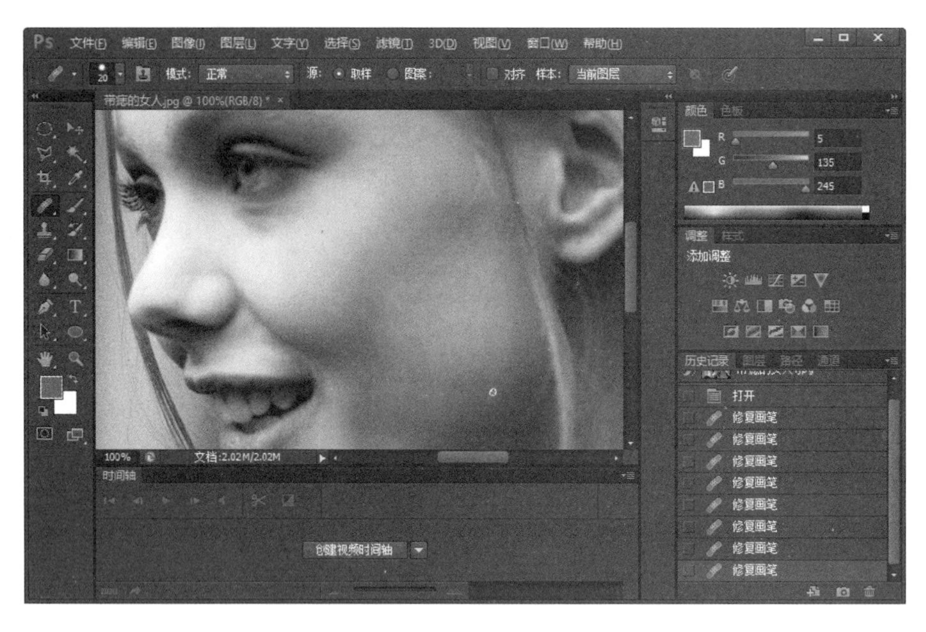

图 2－134　修复后的效果图

2.7.4　案例 4——照片降噪

案例 3 运用画笔修复工具将脸上的痣修复了，但是该照片看起来脸上比较粗糙，本节将对人物进行降噪处理，使人物脸上的皮肤看起来更光滑。

1. 创作要求

运用通道和滤镜功能，对人物照片进行降噪处理，使皮肤更光滑。去痣并降噪的效果如图 2－135 所示。

图 2－135　降噪后的效果图

2. 创作过程

(1)打开上例中做好的“不带痣”的女人图像,按下组合键“‘Ctrl’+‘+’”将图像放大到原先的像素大小,发现脸上噪点比较多,如图 2—136 所示。

图 2—136　降噪前的图像

(2)执行菜单“窗口”→“通道”命令,打开“通道”面板,分别进入“红”“绿”“蓝”通道,发现在每个不同的通道中,噪点的多少也不同,“蓝”和“绿”的通道中噪点比较多。

(3)在“图层”控制面板中,按下组合键“Ctrl+J”,将图像复制一个图层 1,然后单击“通道”控制面板,进入“红”通道,执行菜单“滤镜”→“模糊”→“表面模糊”命令,设置参数如图 2—137 所示。(注意:此滤镜可以消除杂色或粒度,“半径”指模糊取样区域的大小,“阈值”指相邻像素色调值与中心像素值相差多大时才能模糊;在这里用户可以多试几次以取得最佳效果。)

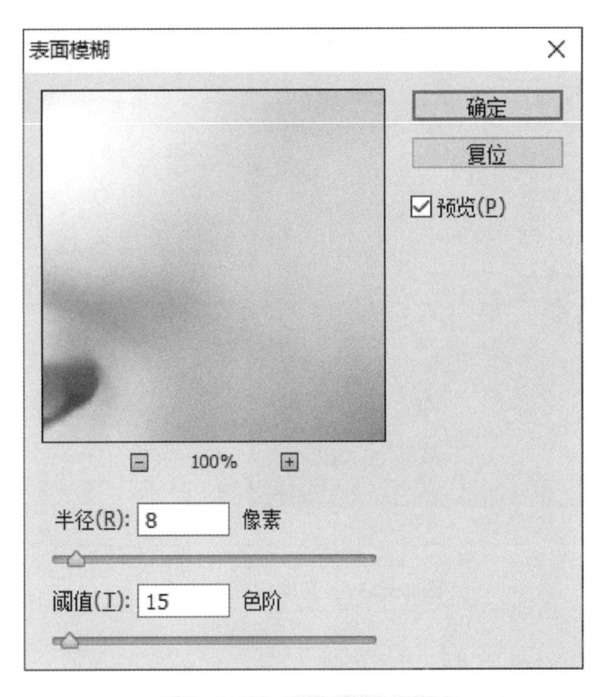

图 2—137　表面模糊对话框

(4)单击“确定”按钮,对“红”通道进行模糊处理。

(5)同理,分别对“绿”通道和“蓝”通道也进行模糊处理。

(6)单击“RGB”通道,回到颜色通道,发现照片中基本没有噪点,如图2－138所示。

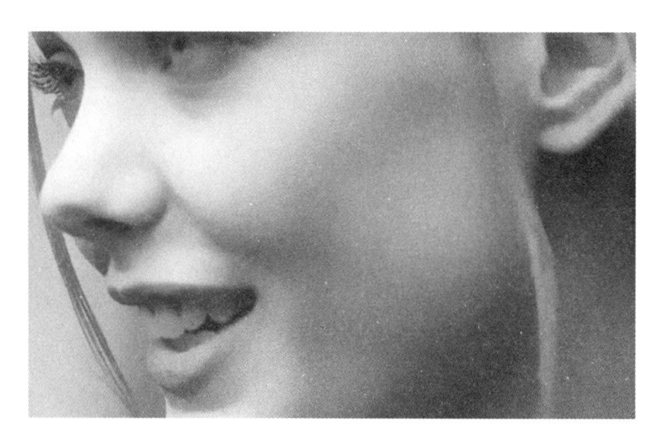

图2－138　模糊处理后的图像

(7)此时,虽然皮肤比较好,但是人物的清晰度不是很高,可以运用智能锐化功能进行处理。

(8)执行菜单“滤镜”→“锐化”→“智能锐化”命令,设置好参数或默认,单击“确定”按钮对照片进行清晰处理,如图2－139所示。

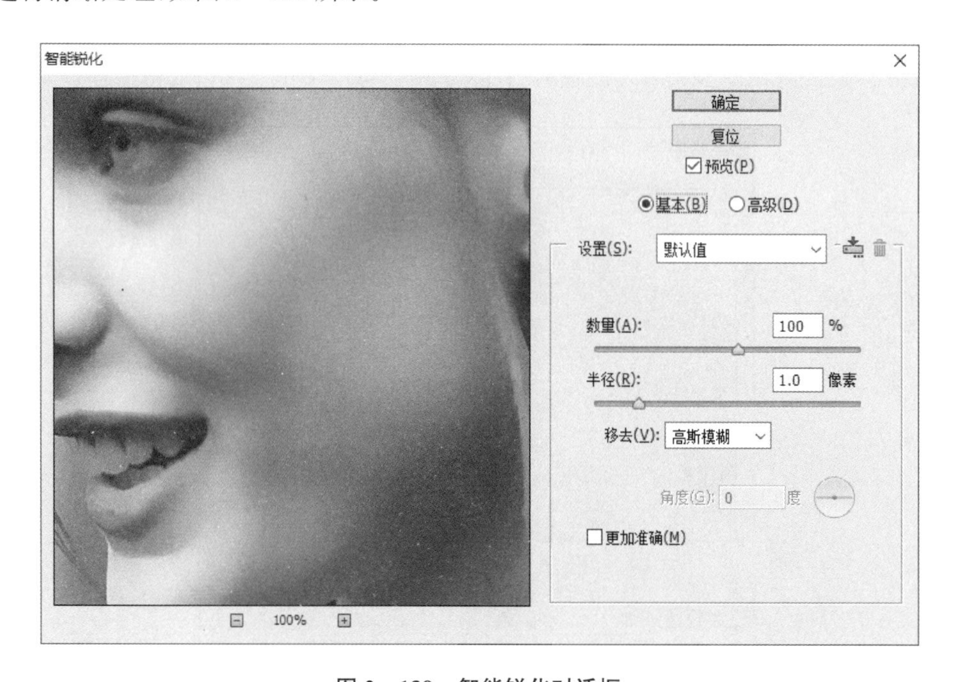

图2－139　智能锐化对话框

(9)单击“确定”按钮对照片进行清晰处理。

(10)按“Ctrl＋S”组合键,保存文件。

第 3 章

动画制作软件 Flash

Flash 是一款非常优秀的矢量动画制作软件，通过它制作出来的动画短小精悍、缩放清晰，非常适合网络，已经成为一种流行的交互式网页动画设计工具。本章首先介绍 Flash 软件，然后以 Flash CS6 为平台，从实例入手，介绍逐帧动画、补间动画、引导层动画、遮罩动画、Action 动画脚本，以及它们在综合实例中的应用。

3.1 基础知识

3.1.1 Flash 工作界面

在图 3－1 的开启界面中，执行"新建"→ActionScript 3.0 命令，将建立一个空白的 Flash 文档，并进入到 Flash CS6 的工作界面，如图 3－2 所示，用户可以进行各项动画的操作。

1. 菜单栏

Flash CS6 的菜单栏中一共有 11 组菜单，包含 Flash 的大部分操作命令。

(1)"文件"菜单：用于文件操作，如新建、打开和保存文件。

(2)"编辑"菜单：用于动画内容的编辑操作，如撤消、复制、粘贴等。

(3)"视图"菜单：用于对开发环境进行外观、版式设置，如放大、缩小、显示标尺等。

(4)"插入"菜单：用于插入操作，如新建元件、插入场景、关键帧、各种动画等。

(5)"修改"菜单：用于修改动画中的对象、场景等属性。

(6)"文本"菜单：用于对文本的属性和样式进行设置。

(7)"命令"菜单：用于对命令进行管理，如导入动画 XML、运行命令等。

(8)"控制"菜单：用于对动画进行播放、控制和测试等，如测试影片。

(9)"调试"菜单：用于对动画进行调试操作，如调试影片。

(10)"窗口"菜单：用于打开、关闭、切换各种窗口面板，如打开库(CTRL＋L)。

(11)"帮助"菜单：用于快速获取帮助信息。

图 3－1　Flash CS6 的开启画面

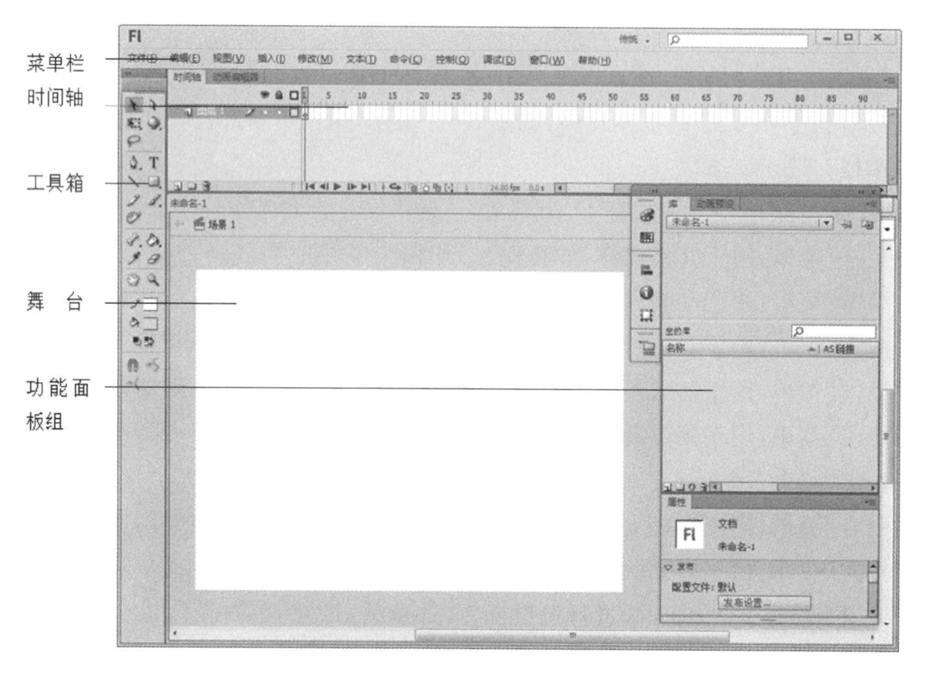

图 3－2　Flash CS6 的工作界面

2. 时间轴面板

时间轴用于设定动画播放的图层和相应的帧数、帧频(每秒钟播放几帧，Flash CS6 默认为 24 帧/秒)等信息。Flash 影片中将时间片划分为帧。默认情况下，时间轴面板在舞台工作区的底部。

3. 工具箱

工具箱中提供了各种图形绘制、着色和编辑工具，使用这些工具可以绘图、修改、喷涂和编辑等，可以将工具箱拖放调整到左右不同位置。

4. 舞台

图 3－2 中的白色区域为舞台。舞台是用户进行动画创作的可编辑区域，可以直接在舞台上绘制图形、文字等，也可以将外部图形及媒体文件导入到舞台上。在舞台区域内编辑的对象可以在播放时完全显示，而在舞台区域外的对象将不能显示。

5. 功能面板组

功能面板组包括各种功能面板，默认情况下显示“属性”面板，该面板显示文档窗口中各对象的属性。执行菜单“窗口”可以对各种面板进行显示与组合，如图 3－3 所示。

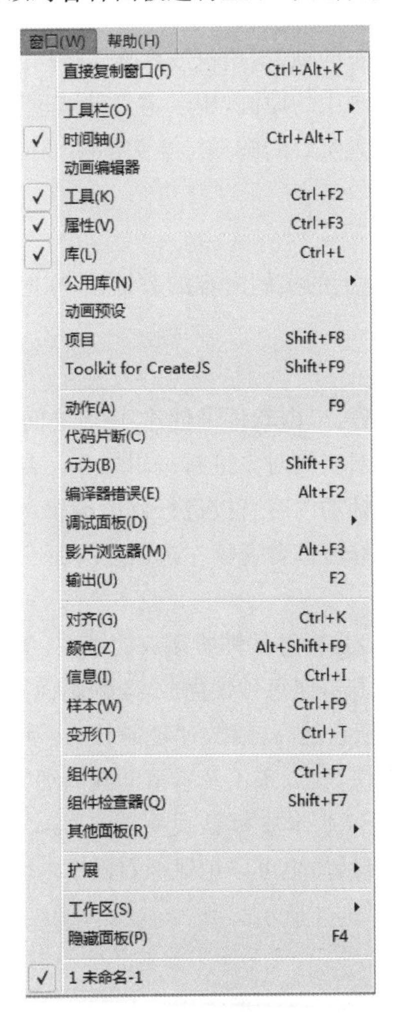

图 3－3　窗口菜单中的面板

3.1.2 常用术语

1. 图层

图层用于放置不同的对象,可以根据需要在时间轴上建立多个图层,既可以通过修改图层的属性进行设置,包括"添加传统运动引导层",也可以将某个图层设置成"遮罩层""被遮罩层"。为了区分图层,系统默认是按照图层 1、图层 2 命名,用户可以自行将图层命名为需要的名字。每个图层互相独立,如果两个实例分布在两个不同的图层,而恰好又在舞台的同一位置上,那么,上面图层的对象会把在下面图层的对象遮住。

2. 帧

帧——计算机动画术语,是动画中最小单位的单幅静止画面,相当于电影胶片上的每一格镜头。在 Flash 动画软件的时间轴上,帧是最基本的单位,表现为一格或一个标记。每一帧上都可以包含需要显示的所有内容,包括图形、声音、视频等各种素材。帧可以分为关键帧、空白关键帧、普通帧三种。

(1)关键帧

用来定义动画变化、更改状态的帧,指角色或者物体运动或变化中的关键动作所处的那一帧。即关键画面,相当于二维动画中的原画,用于定义动画过程中变化显著的画面,如开始画面和结束画面,在时间轴上显示为实心的圆点。在关键帧上可以添加动作脚本,此时,会在该帧上方出现一个"a"标记。

(2)空白关键帧

空白关键帧是没有包含舞台上的实例内容的关键帧,在时间轴上显示为空心的圆点。在空白关键帧上可以添加动作脚本。

(3)普通帧

关键帧与关键帧之间的动画可以由软件来创建,两者之间的帧叫作中间帧或普通帧,在时间轴上能显示实例对象,但不能对实例对象进行编辑操作。普通帧只能显示它左边最近一个关键帧的内容,我们不能对普通帧的内容直接进行修改编辑,如果要想修改普通帧的内容,则必须先把它转变成关键帧,或者修改该普通帧左边最近的那一个关键帧的内容。

(4)帧频

帧频(frame per second,fps)是指每秒钟所播放的帧数,单位是 fps。不同的播放媒介,帧频也不同,电影的帧频一般为 24fps,即每秒钟播放 24 帧画面。早期的 Flash 版本默认设置为 12 帧/秒,即 12fps。一般而言,帧频越高,播放速度越快,运动的过程也越流畅。但是太高的帧频反而不好,一是由于速度太快,让人来不及看清动画的细节;二是制作成本更高,每秒钟内要求制作的画面更多。Flash CS6 版本中默认设置为 24fps,用户可以根据需要自行调整帧频,可以在属性面板中直接修改设置,也可以用鼠标右键单击舞台空白处调出文档设置面板设置帧频、背景颜色、尺寸等,如图 3-4 所示。

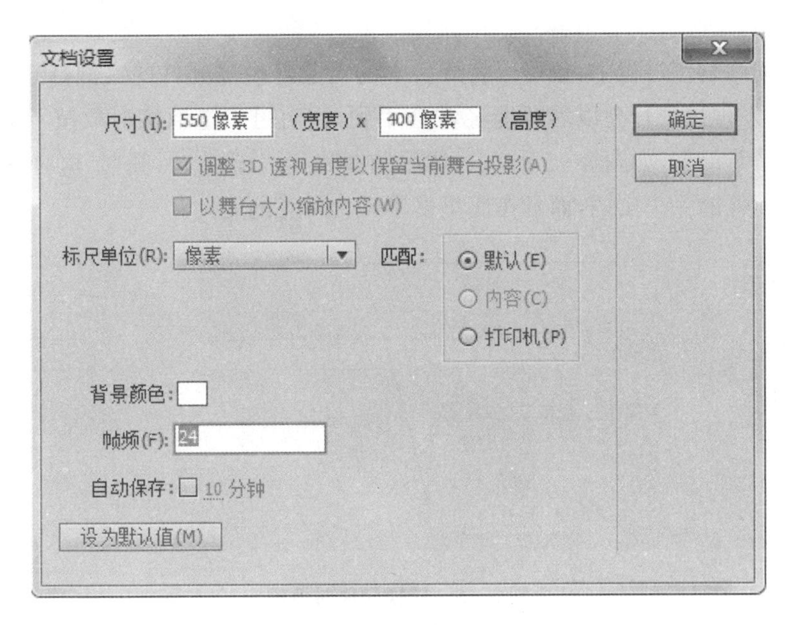

图 3—4　文档设置

3. 库

每一个 Flash 文档，都有一个用于存放动画元素的库。库就像一个仓库，里面可以堆放各种零件(元件)，当场景中需要使用零件时，便可以从库中拿取元件进行组装合成动画。

4. 元件

库面板用于存放各种元素，这些元素可以是自行绘制的各种元件(图形、按钮、影片剪辑)，也可以是从外部导入的位图、声音、视频剪辑等。

(1)图形元件：可以是矢量图形或图像等，主要用于制作电影中的静态图形。

(2)按钮元件：可以在影片中创建按钮元件的实例，用户可以自行设计按钮，也可以通过调用系统中的公用库里的按钮。方法是，执行 Flash 的“窗口”→“公用库”→“Buttons”，选取按钮。按钮元件用于动画中实现交互，可在按钮上编写 Action 脚本添加交互动作。一个按钮元件有四种状态：弹起、指针经过、按下和点击，每种状态可以使用图形元件或影片元件，也可以添加声音。

(3)影片剪辑元件：一种可以重复使用的动画片段，一个独立于主影片时间轴的动画。也可以将整个时间轴内容创建成一个影片元件，它可以包括交互性控制、声音及其他实例，影片剪辑实例只需要一个关键帧来播放动画，它可以自动循环播放，也可以用脚本来控制。

创建新的元件，可以使用快捷键“Ctrl＋F8”，也可以执行 Flash 的“插入”→“新建元件(N)”菜单命令，然后选取类型制作元件。

5. 实例

实例是元件的一个副本，当需要使用库中的元件时，只需用鼠标将“库”面板中某个具体的元件拖到舞台上即可，这时在舞台上的对象称为“实例”。一个元件，可以产生很多个实例，而且可以对每一个实例进行大小、透明度、颜色等属性的设置。当修改元件时，舞台上的所有实例都会进行更新。

在实际的动画制作过程中，也可以将舞台中的对象转换成元件的实例，比如，在舞台上绘制了一个月亮，发现这个月亮以后可能经常会用到，这时可以选取该对象按下 F8 快捷键，调出“转换为元件”对话框，如图 3－5 所示。然后选择“图形”，输入“月亮”。这时发现，不仅舞台上的月亮成为元件的一个实例，而且在库里多了一个月亮的元件。

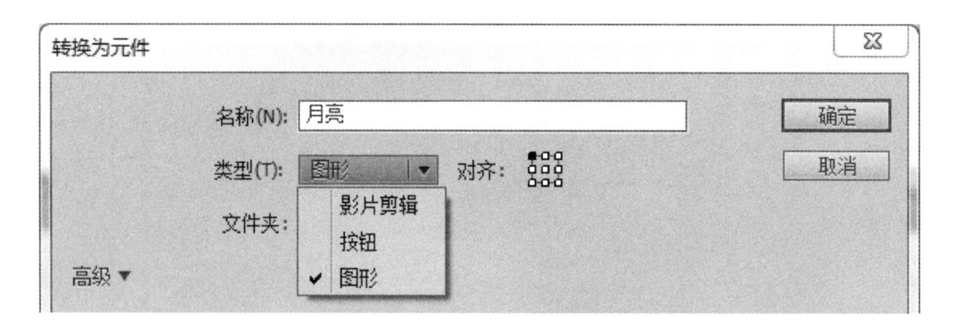

图 3－5　转换元件对话框

元件和实例的区别：库里的为元件，舞台上的为实例，如图 3－6 所示。

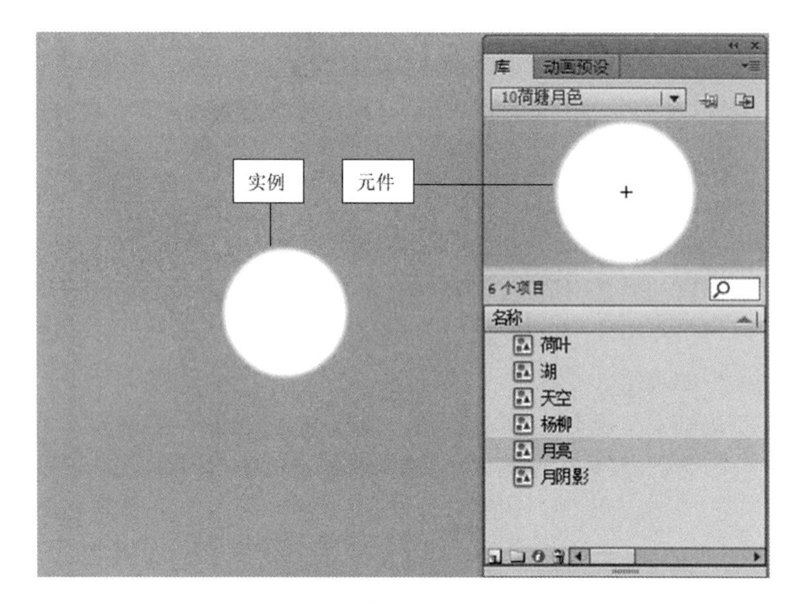

图 3－6　元件与实例

6. 场景

对于比较长的影片，我们可以根据主题将它们分为不同的片段，并在不同的场景中加以制作，从而使影片的结构更清晰，也更方便编辑。新建 Flash 文档时只有一个场景，可以选择菜单“插入”→“场景”创建新的场景，如图 3－7 所示。

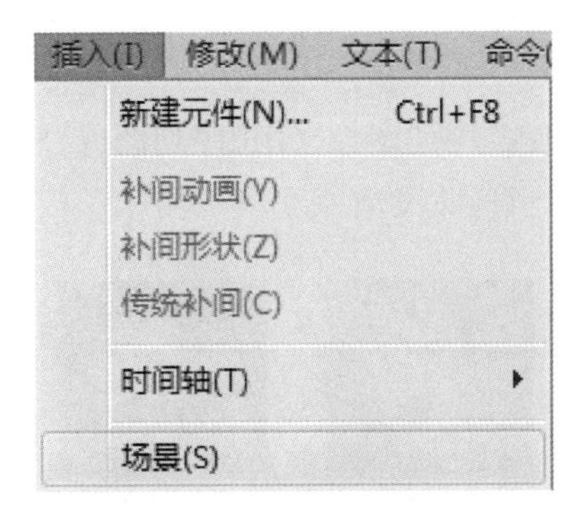

图 3—7　插入场景

如果想给新建的场景取一个易记且与主题相关的名字，可以选择菜单“窗口”→“其他面板”→“场景”，调出场景面板，例如，场景 1 制作片头，场景 2 制作主要情节，场景 3 制作片尾等，如图 3—8 所示。

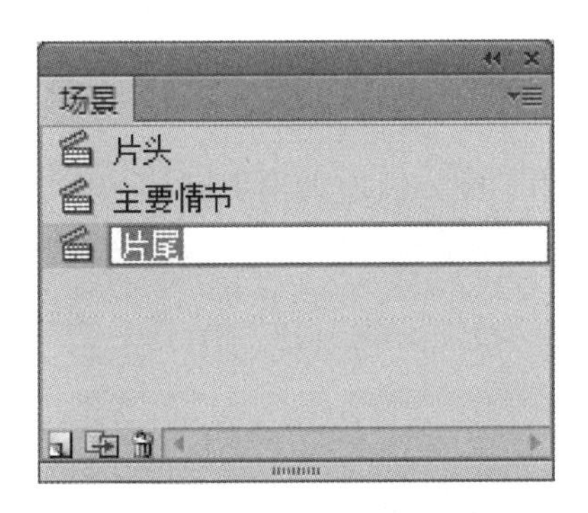

图 3—8　给场景命名

3.2　逐帧动画

逐帧动画也称帧组动画，是通过在时间轴的每帧上绘制不同的内容，使其连续播放而形成的动画，它是最基本的动画形式。逐帧动画的优点是几乎可以表现任何内容，非常适合表演细腻的动画，具有很强的艺术性。例如，人物的急转身、走路、说话、头发或衣服的飘动等。逐帧动画的缺点是每一帧的内容都可能不一样，设计与制作动画的过程复杂、工作量大，不仅增加了制作的成本，而且输出的文件也比较大。

3.2.1　创建逐帧动画

逐帧动画的每一帧内容都需要人工创建，与传统动画的创作方式类似，可能每一帧都是关键帧，要求创作者具有一定的动画知识与绘画技巧。

创建逐帧动画通常有以下几种方法。

1. 导入序列图像

通过导入 PNG 序列图像、JPG 序列图像、GIF 序列图像、SWF 动画文件等产生的动画序列生成逐帧动画。如图 3—9 所示鸟儿飞翔。

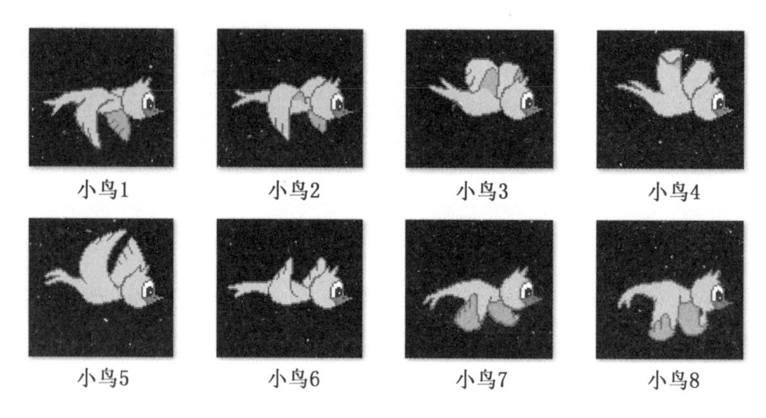

图 3—9　鸟儿飞翔序列图

2. 逐帧绘制矢量图形

用鼠标或数绘板等在场景中一帧一帧地画出关键帧的内容。例如，模拟人物的行走或跳跃，模拟毛笔写字等。如图 3—10 所示，要模拟跳高运动，需要在多个关键帧上绘制不同的跑步与跳高姿势。

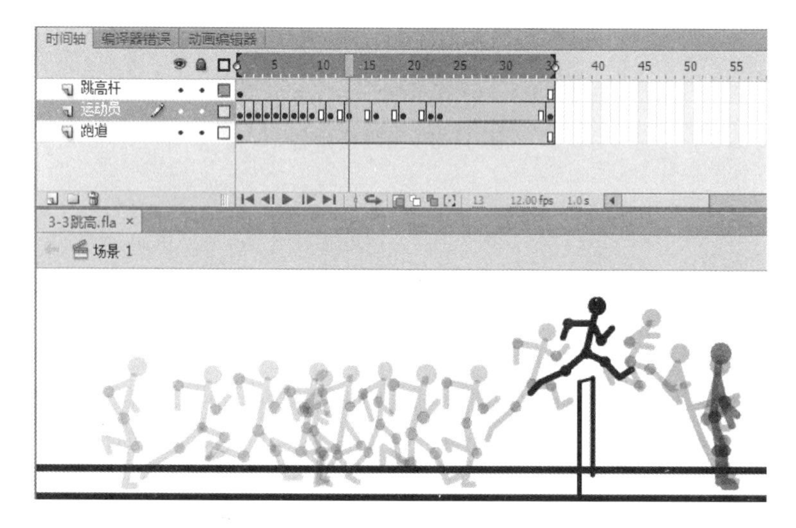

图 3—10　跳高

3. 文字逐帧动画

将文字制作成元件放入帧中，可以实现文字跳跃、旋转等特效。例如，“举国抗疫、武汉加油！”打字机效果，如图 3—11 所示。

图 3－11　打字机效果

3. 2. 2　奔跑的兔子

1. 创作要求

设计与制作一个“奔跑的兔子”逐帧动画，如图 3－12 所示。

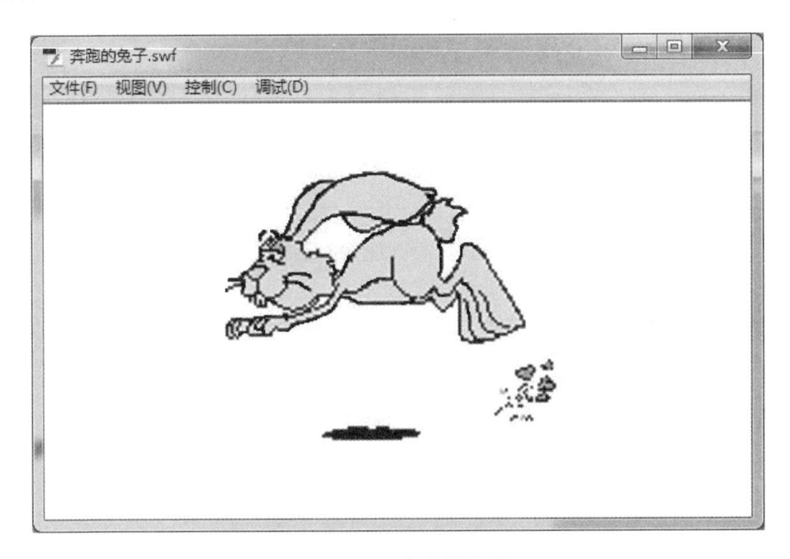

图 3－12　奔跑的兔子

2. 创作过程

(1)启动 Flash CS6,选择 ActionScript 3.0,新建一个文档,保存为"奔跑的兔子.fla"。

(2)执行"文件"→"导入"→"导入到舞台"菜单命令,调出"导入对话框",如图 3-13 所示。

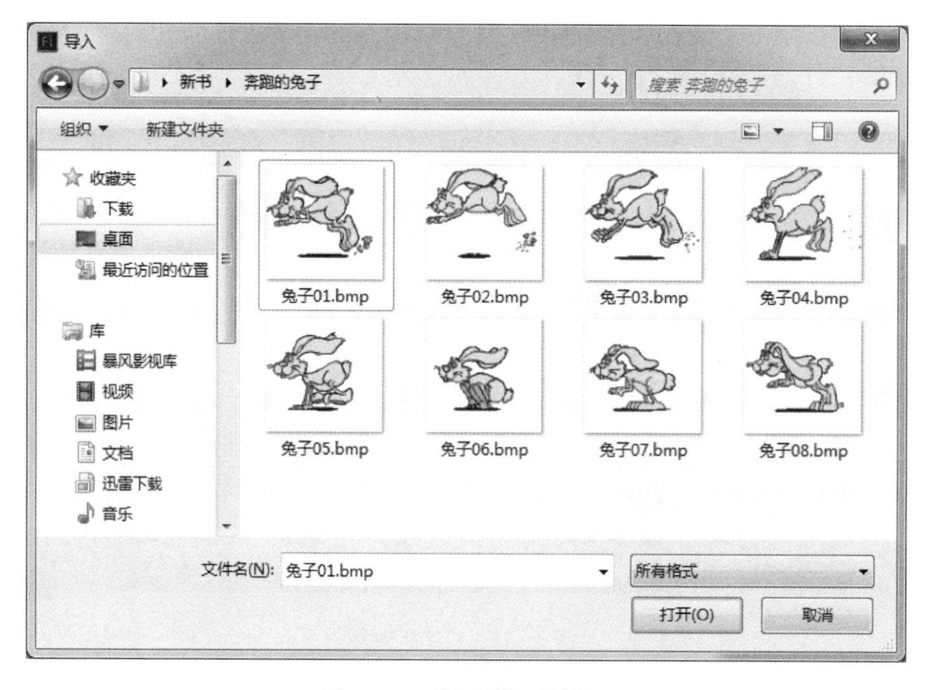

图 3-13　导入图像对话框 1

(3)选择"兔子 01.bmp"图像文件,单击"打开"按钮;此时弹出提示框,如图 3-14 所示。

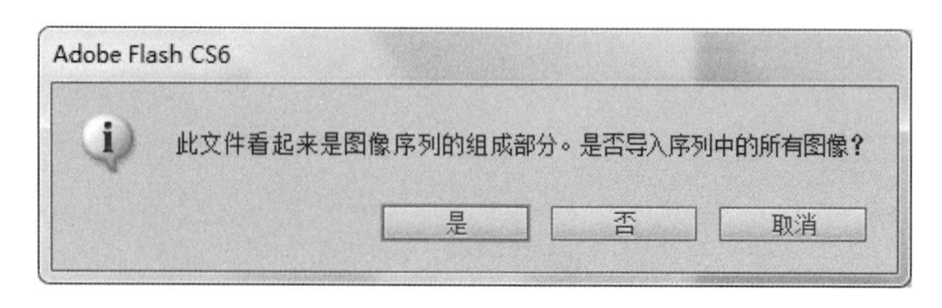

图 3-14　导入图像对话框 2

(4)单击"是"按钮,8 幅图像一起被导入到舞台上,此时在场景 1 的图层 1 上自动添加了共 8 个关键帧,每个帧上分别放置了一幅图像,如图 3-15 所示。

(5)执行"控制"→"测试影片"命令,观看动画效果,如图 3-16 所示。

(6)按"Ctrl+S"组合键,保存文件。

图 3－15　导入图像完毕

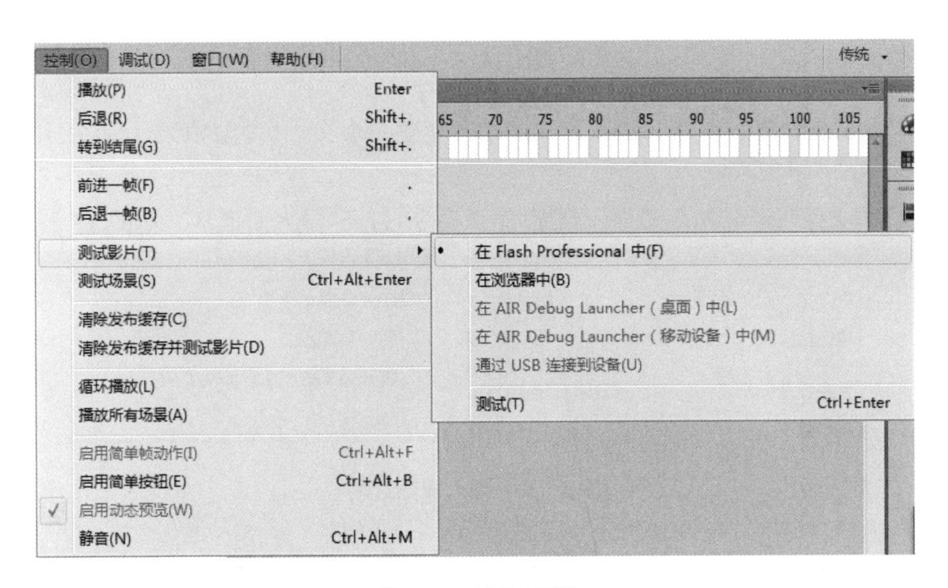

图 3－16　测试影片

3.2.3 奥运火炬

1. 创作要求

设计与制作一个熊熊燃烧的“奥运火炬”逐帧动画，如图 3－17 所示。

图 3－17 奥运火炬动画

2. 创作过程

(1)启动 Flash CS6，选择 ActionScript 3.0，新建一个文档，调整帧频(fps)为 12，保存为“奥运火炬 . fla”。

(2)执行“文件”→“导入”→“导入到库”菜单命令，打开“导入对话框”，如图 3－18 所示。

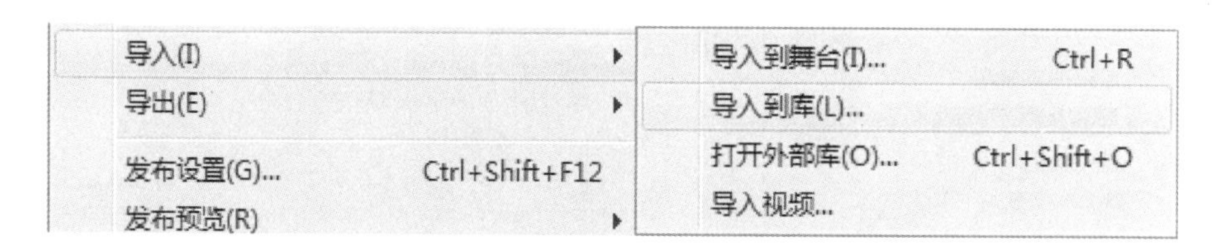

图 3－18 导入图像到库

(3)在导入到库的对话框中，找到文件所在的文件夹，选中全部图形文件，单击“打开”按钮，如图 3－19 所示。

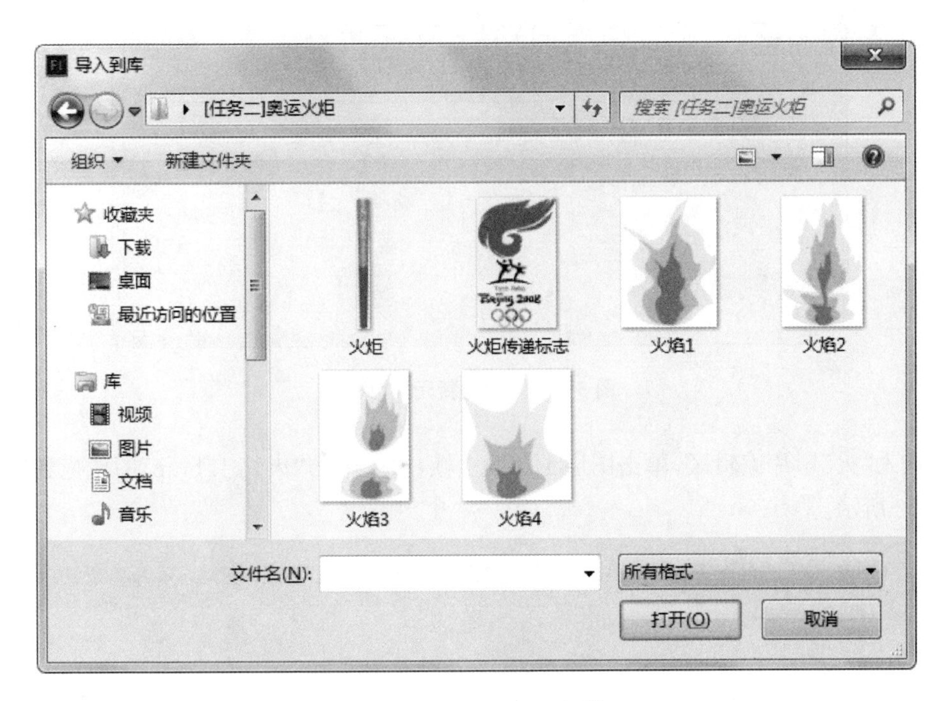

图 3－19　导入到库对话框

(4)查看 Flash 文档的库,发现库内有 6 幅图像,如图 3－20 所示。

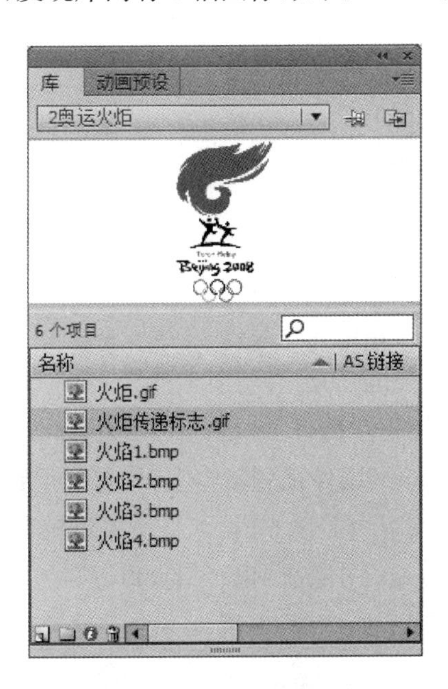

图 3－20　库中的图像

(5)按下“Ctrl＋F8”组合键创建新元件,在类型中选择“影片剪辑”,输入名称“火”,单击“确定”按钮,如图 3－21 所示。

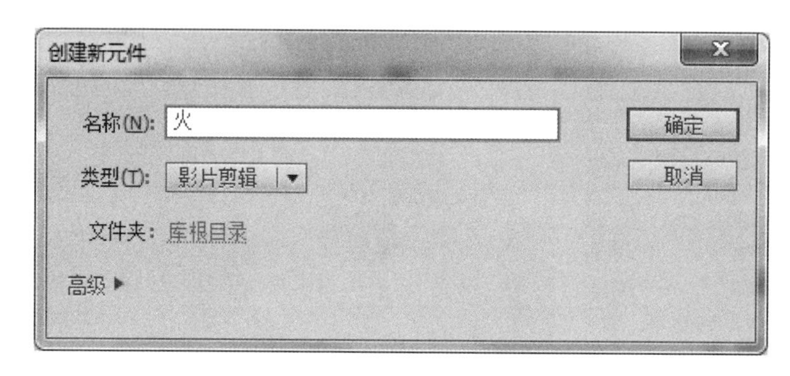

图 3—21　创建新元件“火”

(6)进入“火”影片编辑区，单击图层 1 的第 1 帧，将库中的“火焰 1. bmp”图像拖到舞台上，如图 3—22 所示。

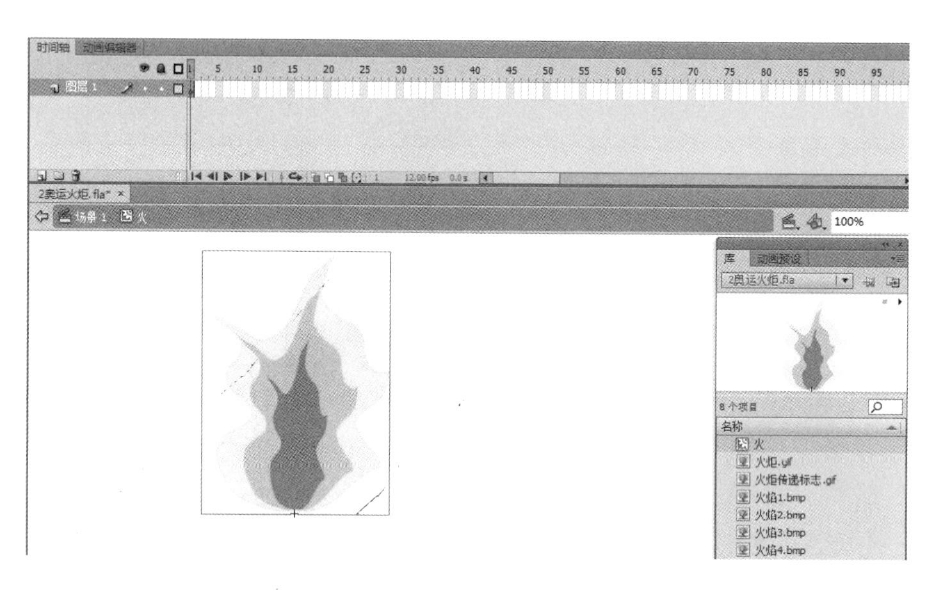

图 3—22　编辑“火”影片剪辑

(7)单击图层 1 的第 2 帧，按下快捷键 F6 插入一个关键帧；选中第 2 帧，删除舞台中的“火焰 1. bmp”，将库中的“火焰 2. bmp”图像拖到舞台上，调整好位置。

(8)单击图层 1 的第 3 帧，按下快捷键 F6 插入一个关键帧；选中第 3 帧，删除舞台中的“火焰 2. bmp”，将库中的“火焰 3. bmp”图像拖到舞台上，调整好位置。

(9)单击图层 1 的第 4 帧，按下快捷键 F6 插入一个关键帧；选中第 4 帧，删除舞台中的“火焰 3. bmp”，将库中的“火焰 4. bmp”图像拖到舞台上，调整好位置。

(10)按下“Ctrl+F8”组合键创建新元件，在类型中选择“影片剪辑”，输入名称“文字”，单击“确定”按钮。

(11)进入“文字”影片编辑区，单击图层 1 的第 1 帧，在舞台上输入“激”字。

(12)单击图层 1 的第 2 帧，按下快捷键 F6 插入一个关键帧；选中第 2 帧，在“激”字后面添加“情”字。

(13)单击图层 1 的第 3 帧，按下快捷键 F6 插入一个关键帧；选中第 3 帧，在“激情”两字后面添加“燃”字。

(14)同上操作，一共建立 8 个关键帧，每插入一个关键帧输入一个字，直至输完“激情燃烧传递奥运”八个字，如图 3－23 所示。

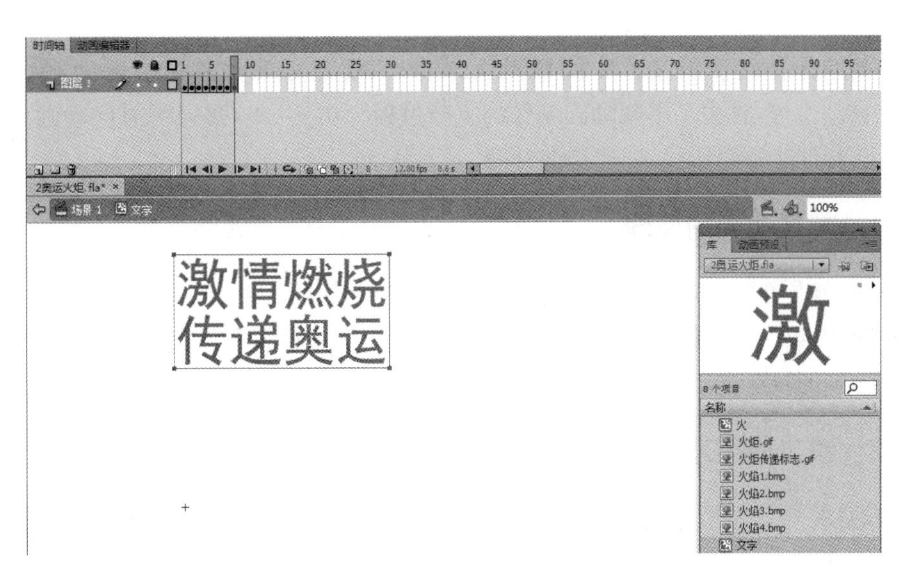

图 3－23　编辑“文字”影片剪辑

(15)退出“文字”影片剪辑，单击场景 1，进入舞台工作区，选中图层 1 的第 1 帧，按下快捷键 F6 插入一个关键帧，依次将库中的“火炬”“火炬传递标志”“火焰”“文字”元件拖入舞台，调整好位置，如图 3－24 所示。

图 3－24　在场景中编辑火炬燃烧

(16)执行"控制"→"测试影片"命令,观看动画效果。

(17)按"Ctrl+S"组合键,保存文件。

3.3 动作补间动画

Flash 的动作补间动画又称中间帧动画,用户只要建立开始和结束画面,中间部分由Flash 软件自动生成,省去了中间动画制作的复杂过程。在 Flash CS6 中,补间动画分为三种:创建补间动画、创建补间形状、创建传统补间。

3.3.1 补间动画的原理

补间动画就是在两个有实体内容的关键帧之间建立动画关系之后,由计算机自动产生中间的过渡动画效果。与逐帧动画相比,补间动画省去了大量的中间动画的制作,节约了成本。但是,补间动画的缺点也比较明显,局限于对象的移动、缩放、旋转等属性变化。

3.3.2 淡出的小球

1. 创作要求

设计与制作一个小球从屏幕中心沿直线滚动到右上角的动画。该动画播放时,屏幕上显示一个小球从屏幕中心滚动到右上角,并且在运动的过程中呈现"淡出"的效果。为了使动画效果让用户看得更逼真,在截图时运用了"绘图纸外观"按钮,如图 3-25 所示。

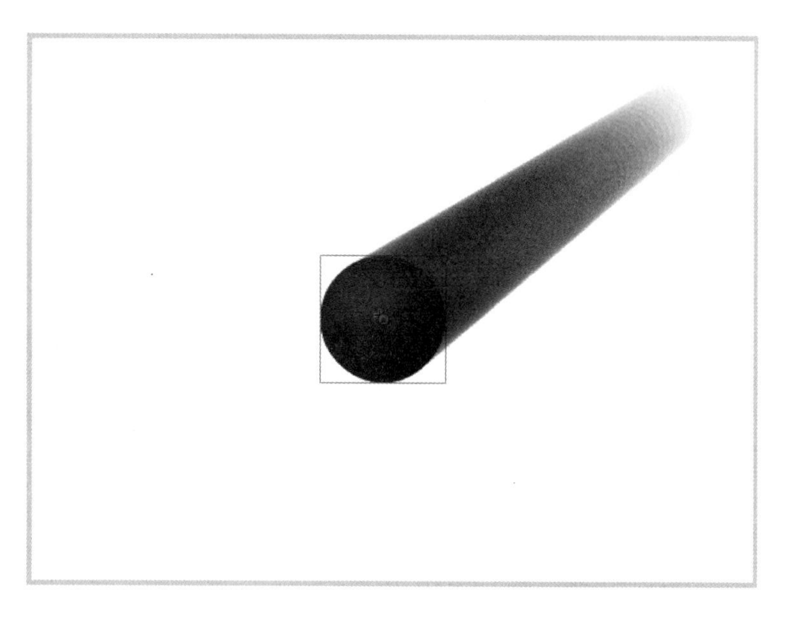

图 3-25 小球从中心到右上角淡出

2. 创作过程

(1)启动 Flash CS6,选择 ActionScript 3.0,新建一个文档,设置文档属性的舞台大小为 550×200 像素,保存文档为"小球淡出 . fla"。

(2)按下"Ctrl+F8"键,弹出"创建新元件"对话框,如图 3—26 所示。选择"图形"输入名称为"小球"后单击"确定"按钮。

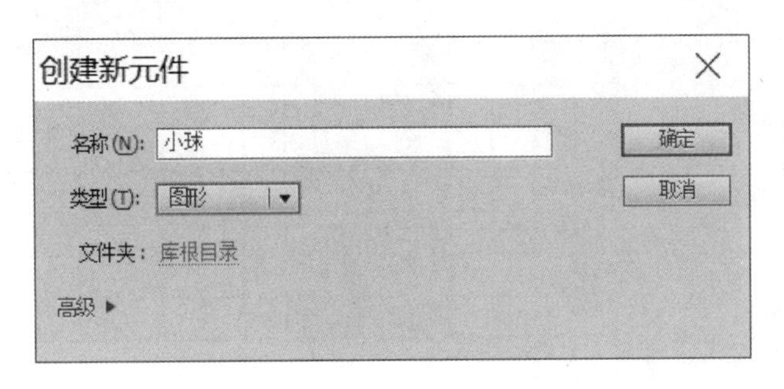

图 3—26　创建图形元件小球

(3)鼠标单击"矩形工具"右下角的黑色三角形,在下拉菜单中选择椭圆工具,如图 3—27 所示。

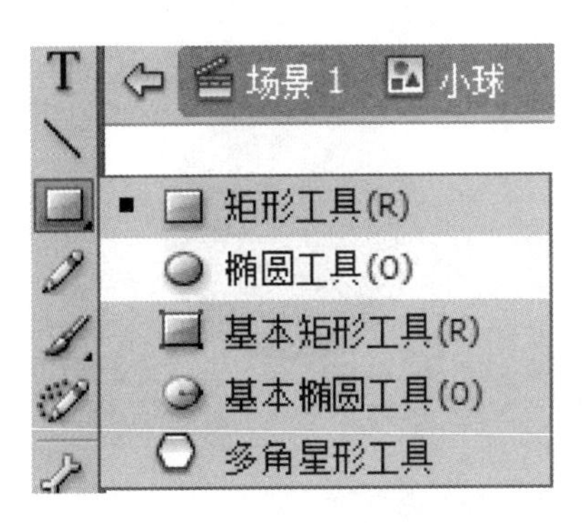

图 3—27　椭圆工具

(4)在"小球"元件编辑区,按住"Shift"键,用鼠标拉出一个圆,在填充颜色中选取最下面一栏球体颜色中的红色,如图 3—28 所示。

(5)此时,在元件库中出现了一个红色的小球,如图 3—29 所示。

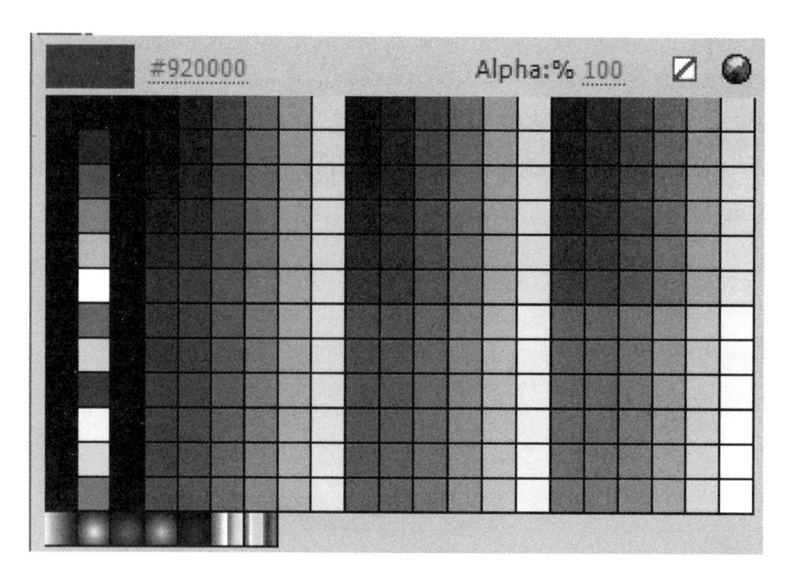

图 3－28　填充颜色工具栏

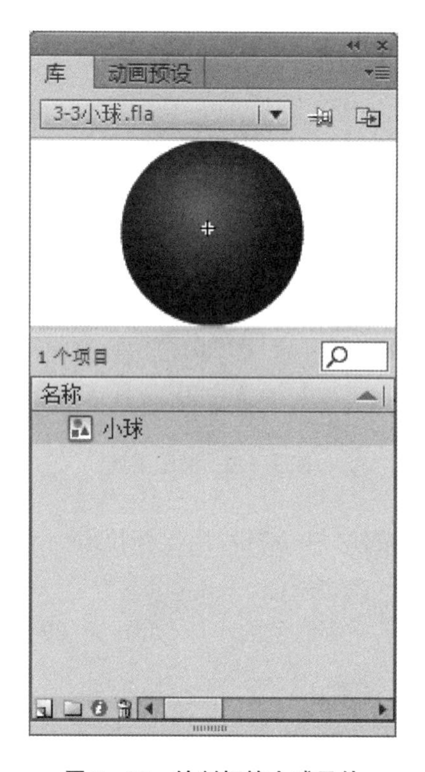

图 3－29　绘制好的小球元件

(6)回到场景 1，选中图层 1(将图层 1 命名为“小球”)的第 1 帧，将库中的“小球”元件拖入舞台中心，产生一个实例，如图 3－30 所示。

(7)选中图层 1 的第 50 帧,按下 F6 键插入一个关键帧,将舞台中的“小球”实例从中心移到右上角。图层和场景的情况如图 3－31 所示。

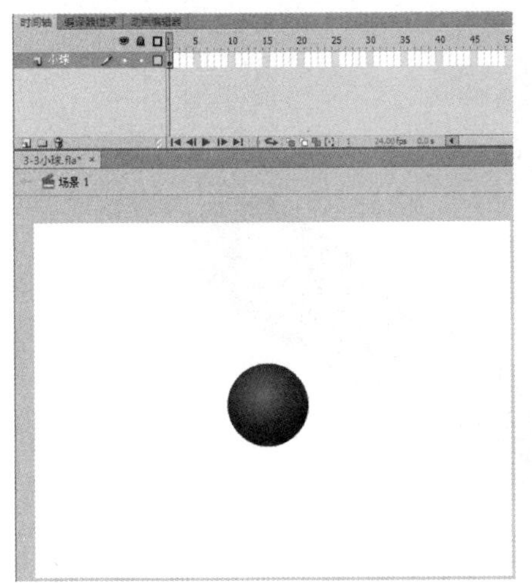

图 3－30　图层和场景情况 1

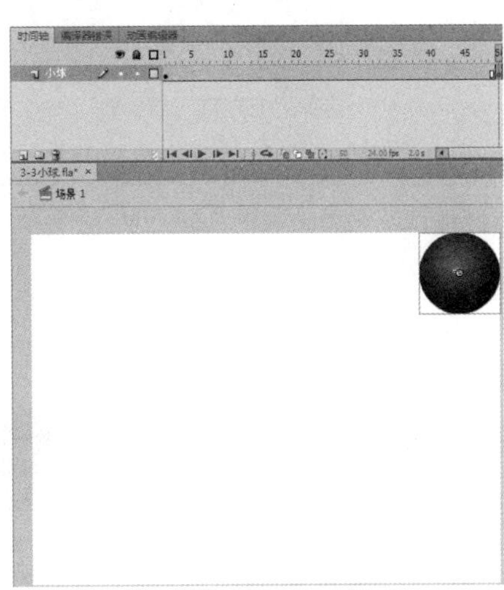

图 3－31　图层和场景情况 2

(8)在图层“小球”的第 1 帧处单击鼠标右键,执行“创建传统补间”命令,如图 3－32 所示。

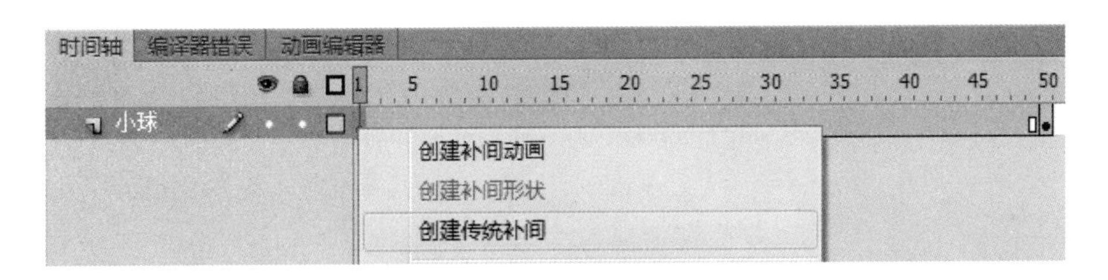

图 3－32　创建传统补间

(9)在图层面板的底部按下“绘图纸外观”按钮,查看图层与场景的变化情况,如图 3－33 所示。

(10)选中图层 1 的第 1 帧,然后在右边的属性栏目中将旋转属性设为“顺时针”,如图 3－34 所示。

(11)选中图层 1 的第 50 帧,单击舞台右上角的小球,在属性栏目中选择“色彩效果”→“样式”,选取 Alpha(透明度),拖动游标将 Alpha 的值设为 0%,即完全透明,并且将小球适当地缩小,如图 3－35 所示。

(12)执行“控制”→“测试影片”命令,观看动画效果。此时,发现小球在向右上角滚动的同时慢慢地变小了,而且颜色慢慢地变淡了,形成淡出的效果,如图 3－36 所示。

(13)按“Ctrl＋S”组合键,保存文件。

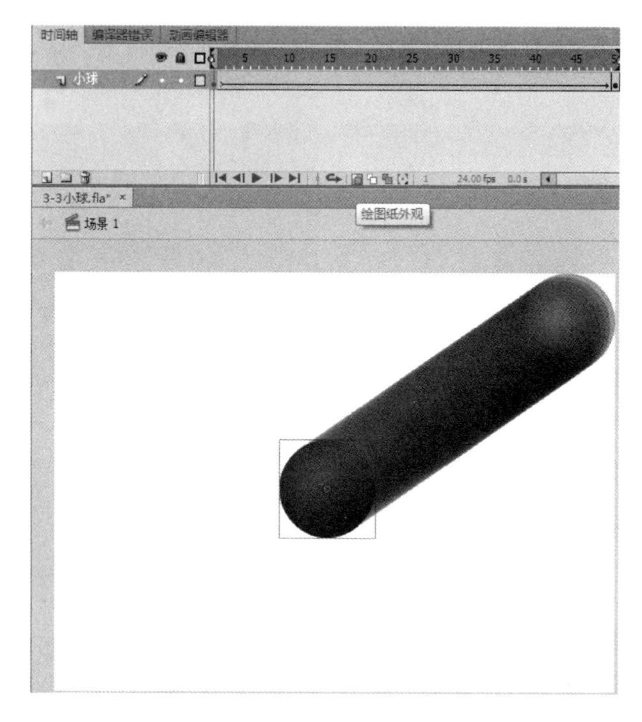

图 3—33　创建传统补间运行情况

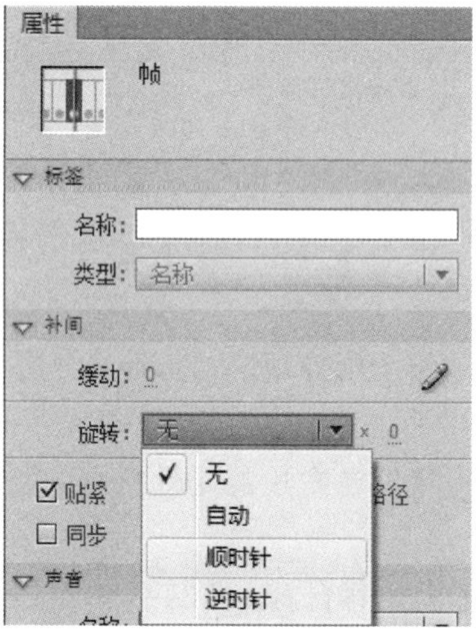

属性
帧
标签
名称：
类型：名称
补间
缓动：0
旋转：无 × 0
贴紧
同步
声音
无
自动
顺时针
逆时针

图 3—34　设置顺时针旋转

间。

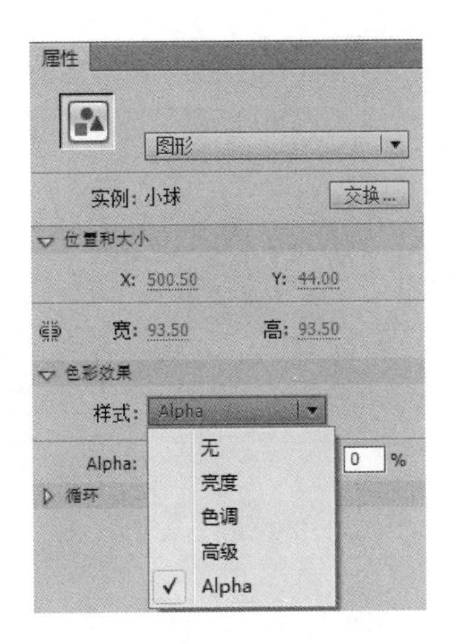

图 3—35　设置小球透明度为 0%

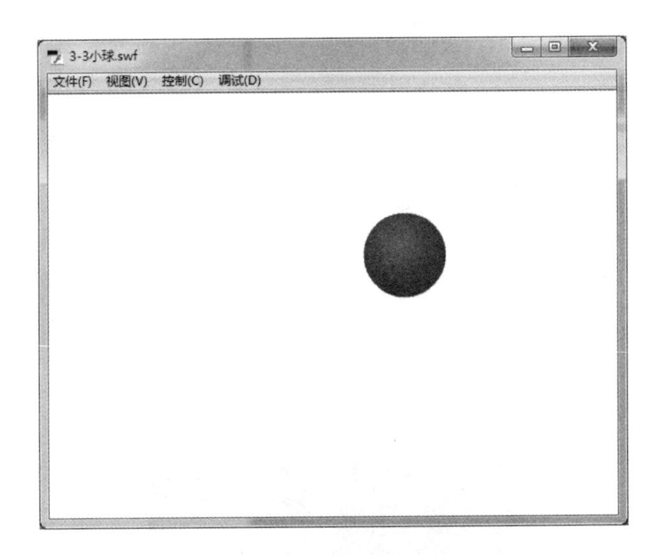

图 3—36　小球直线运动

3.3.3　滴水动画

滴水动画播放时，从屏幕上方滴落一滴水，滴入池塘后产生一连串的波纹。动画可以分解为两个不同的传统补间动画：水滴下滴是一个动作补间，波纹变大慢慢消失是另一个动作补间。

1. 创作要求

设计与制作一个滴水动画，假设此动画共需要 40 帧，如图 3—37 所示。

图 3—37　滴水动画

2. 创作过程

(1)启动 Flash CS6,选择 ActionScript 3.0,新建一个文档,设置文档属性的舞台大小为 550×400 像素,舞台背景颜色为蓝色,保存文档为“滴水动画 . fla”。

(2)按下“Ctrl+F8”键,弹出“创建新元件”对话框,选择“图形”,输入名称“水滴”,单击“确定”按钮。在“水滴”元件编辑区,运用椭圆工具配合选择工具绘制一滴水滴的轮廓线,如图 3—38 所示。

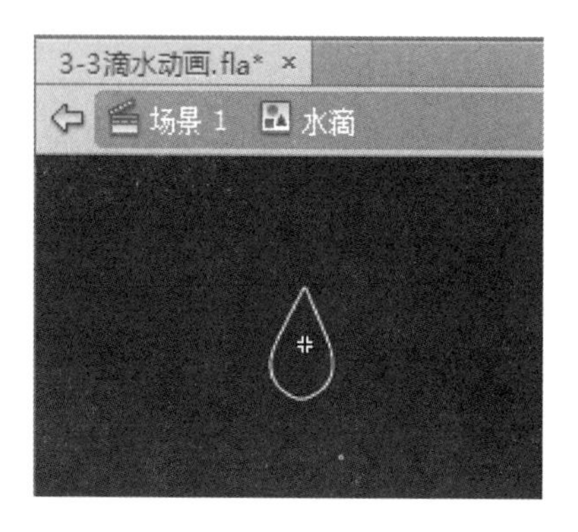

图 3—38　制作水滴轮廓

(3)鼠标单击工具箱中的“填充颜色”工具,打开“颜色”面板,选取底部左下角第一个从白色到黑色的球形渐变,执行菜单“窗口”→“颜色”,调整颜色为淡蓝色(RGB:0,100,255)到白色(RGB:255,255,255)的球形渐变色,如图 3—39 所示。

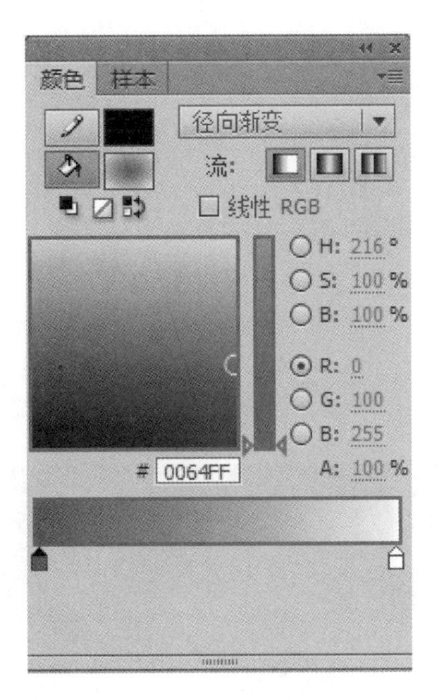

图 3—39　调整颜色属性

(4)用“颜料桶工具”对水滴进行填充，填色完成的水滴如图 3—40 所示。

图 3—40　水滴

(5)按下“Ctrl+F8”键，弹出“创建新元件”对话框，选择“图形”，输入名称为“波纹”后单击“确定”按钮。在“波纹”元件编辑区，绘制一个灰色的波纹轮廓线，内部无需填充，如图 3—41 所示。

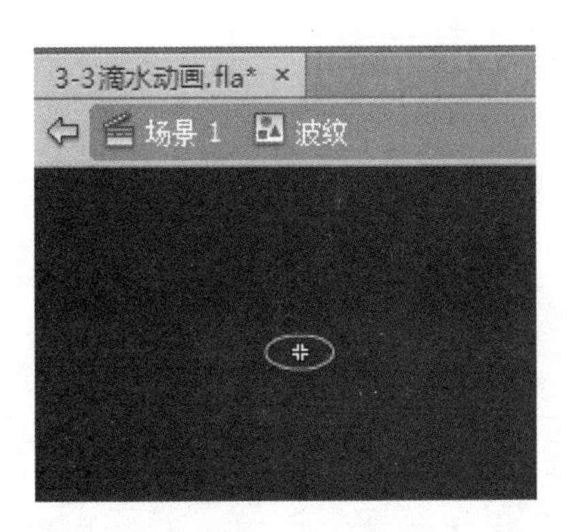

图 3—41　波纹

(6)回到场景 1，选中图层 1，将其命名为“水滴”，选择第 1 帧，将元件库中的“水滴”元件拖到舞台上方，生成一个“水滴”实例；单击图层 1 的第 10 帧，按下 F6 键插入一个关键帧，将舞台上方的“水滴”实例移到舞台中央。在图层“水滴”的第1帧处单击鼠标右键，执行“创建传统补间”命令，如图3－42所示。

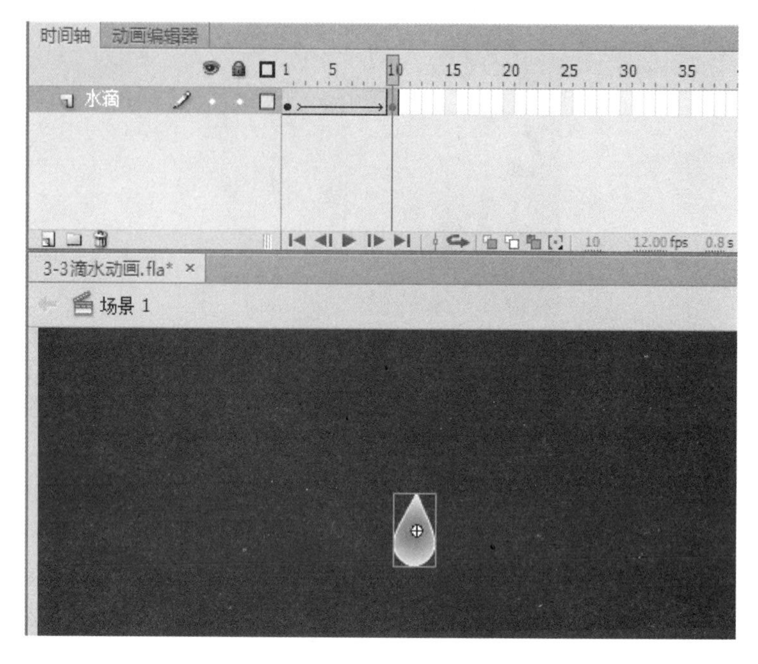

图3－42　滴落的水滴

(7)插入一个图层2，将其命名为“波纹1”，选中“波纹1”图层的第10帧，按下F6键插入一个关键帧，将元件库中的“波纹”元件拖到舞台正中间，产生一个“波纹”的实例，调整波纹与水滴的位置，如图3－43所示。

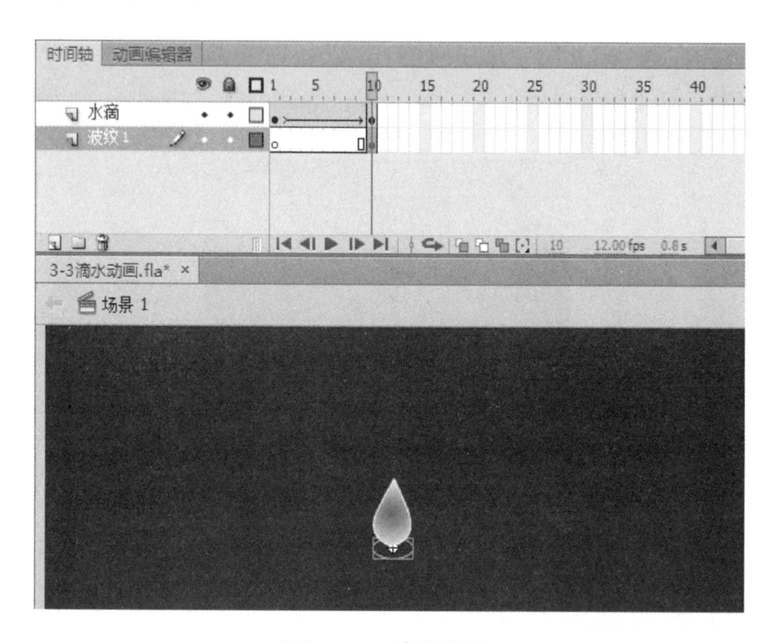

图3－43　出现波纹

(8)选中“波纹 1”图层的第 30 帧，按下 F6 键插入一个关键帧，将舞台中的“波纹”实例放大；在“波纹 1”图层的第 10 帧处单击鼠标右键，执行“创建传统补间”命令。

(9)选中“波纹 1”图层的第 30 帧，单击放大的波纹实例，在属性栏中选择“色彩效果”→“样式”，选取 Alpha(透明度)，拖动游标将 Alpha 的值设为 0，如图 3—44 所示。

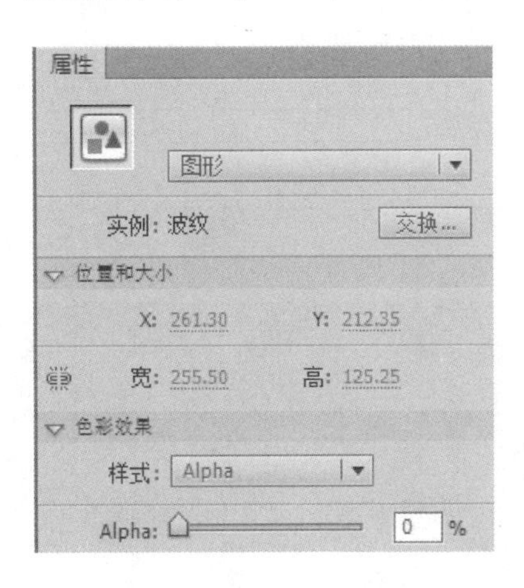

图 3—44　设置透明度为 0%

(10)场景和时间轴情况，如图 3—45 所示。

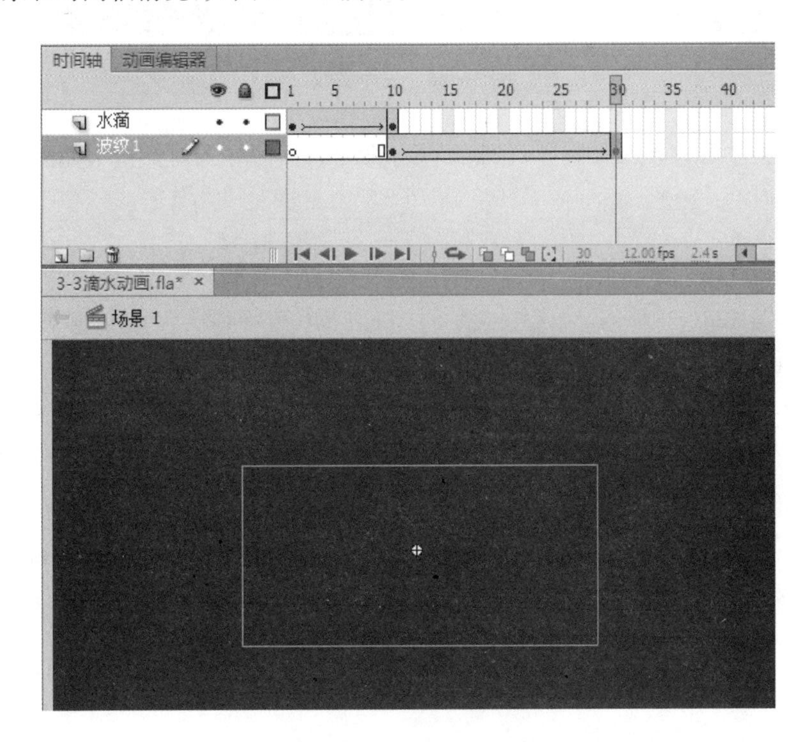

图 3—45　波纹逐渐消失

(11)插入一个图层 3，将其命名为“波纹 2”，同上操作，继续制作第二个波纹。

(12)插入一个图层 4,将其命名为“波纹 3”,同上操作,继续制作第三个波纹,并调整关键帧的位置,如图 3—46 所示。

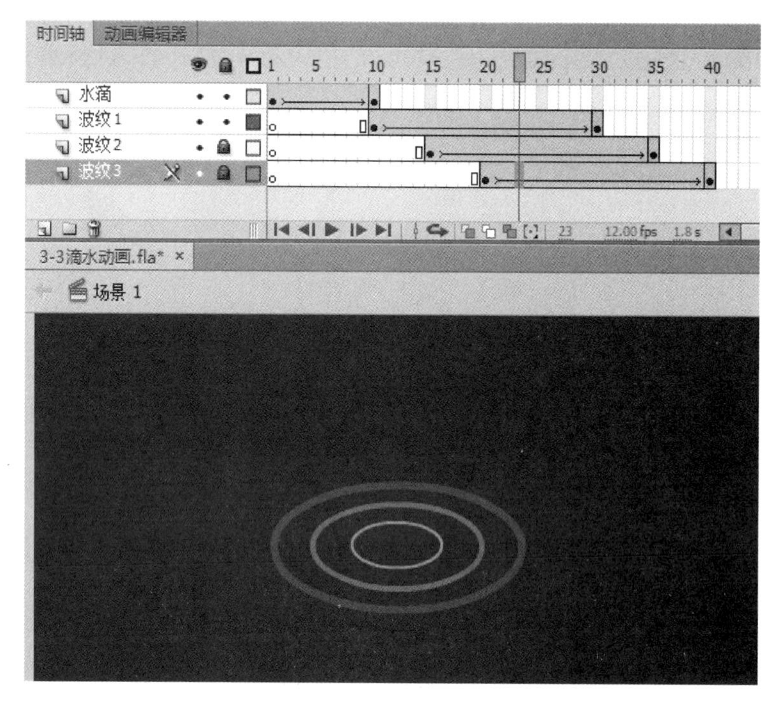

图 3—46　三个波纹

(13)执行“文件”→“导入”→“导入到库”菜单命令,打开“导入对话框”,如图 3—47 所示。

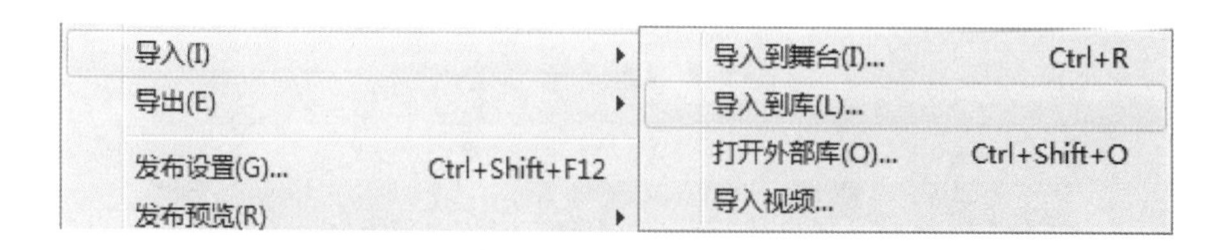

图 3—47　导入图像到库

(14)将图形文件“池塘 . jpg”导入库中,如图 3—48 所示。

(15)插入一个图层 5,将其命名为“池塘”,并将该图层调整到图层的最底部,然后将库中的池塘图像拉到图层 5 上,调整好大小、位置,如图 3—49 所示。

(16)执行“控制”→“测试影片”命令,观看动画效果。

(17)按“Ctrl+S”组合键,保存文件。

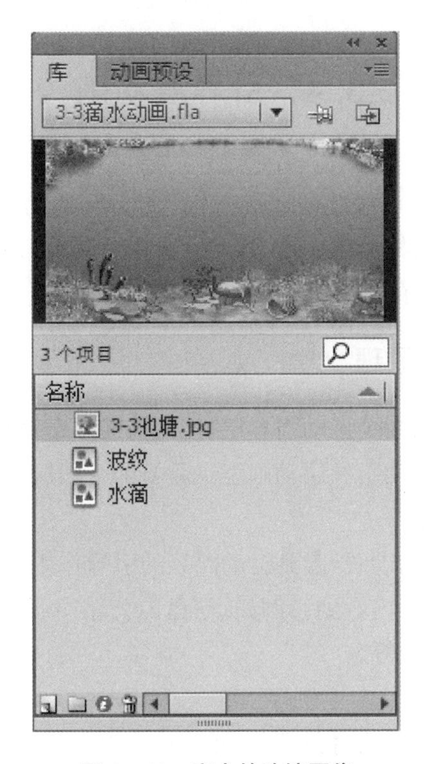

图 3—48　库中的池塘图像

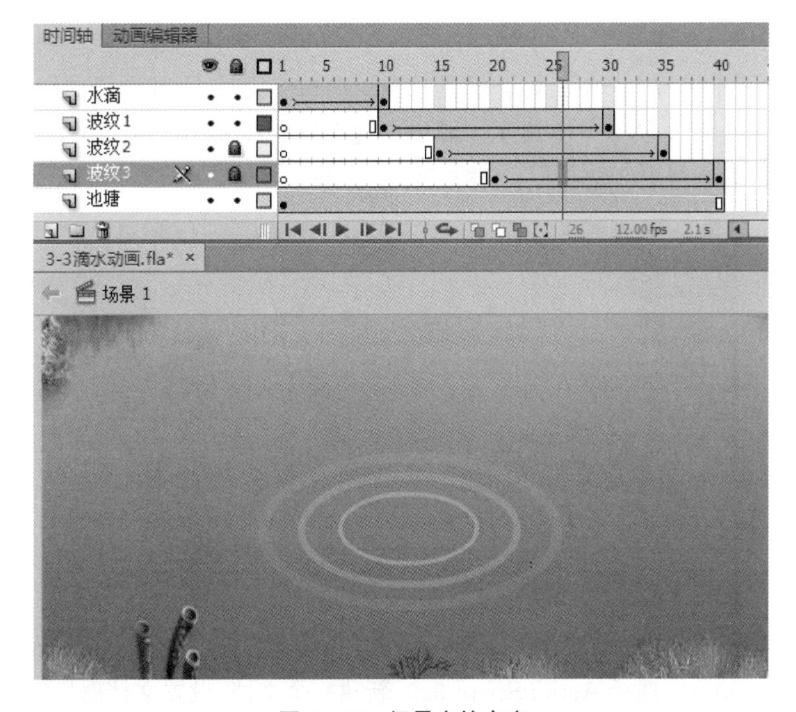

图 3—49　场景中的内容

3.4 引导层动画

Flash 中的传统补间动画，一般都是沿着直线进行运动的动画。那么，如何实现曲线运动的动画呢？例如，抛物线运动、树叶的飘落、汽车在盘山公路上行驶或蝴蝶在花丛中飞舞，这就需要用到添加传统运动引导层的动画技术。

3.4.1 引导层动画的原理

将一个或多个图层链接到一个运动引导层，使一个或多个对象沿同一条路径运动，这种动画称"引导层动画"。要创建运动引导层动画至少需要两个图层：引导层、被引导层。

1. 引导层

引导层，负责存放引导的辅助线，起到运动路径的引导作用。引导层中的图形在动画播放时不会出现，只能在舞台工作区内看到。例如，与盘山公路中心线平行的一条曲线，蝴蝶飞舞的某一条路线，树叶飘落的路径等。

2. 被引导层

被引导层上显示被引导运动的对象，即实际运动的物体，如汽车、蝴蝶、树叶等。

3.4.2 沿曲线运动的小球

1. 创作要求

设计与制作一个模拟"小球曲线运动"的动画。动画播放时，小球会沿曲线从起点 A 到达终点 B，但曲线不可见，如图 3—50 所示。图中出现引导曲线和小球的幻影，是用了绘图纸外观技术，为了让读者看得更清楚。

图 3—50 小球曲线运动

2. 创作过程

(1)启动 Flash CS6，选择 ActionScript 3.0，新建一个文档，设置文档属性的舞台大小为默认值，颜色为淡灰色(＃CCCCCC)；保存文档为"沿曲线运动的小球 . fla"。

(2)按下"Ctrl＋F8"键，创建图形新元件，输入名称为"小球"，单击"确定"按钮。在"小球"

元件编辑区，运用“椭圆工具”和“颜料桶工具”绘制一个红色的小球元件。

(3)回到场景 1，选择图层 1，将其命名为“小球”，单击第 1 帧，将库中的小球元件拖到舞台的左侧，生成一个“小球”的实例；选中图层的第 20 帧，按 F6 键插入一个关键帧，将舞台左侧的“小球”实例拖到舞台的右下侧。

(4)鼠标右键单击第 1 帧，选择“创建传统补间”。此时，小球从左侧沿直线直接运动到右侧。场景和时间轴如图 3－51 所示。

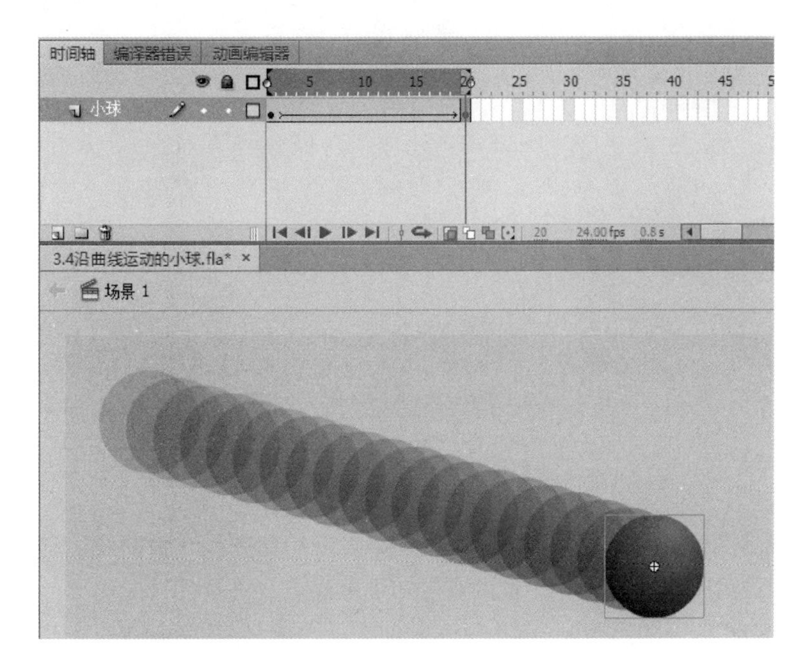

图 3－51　沿直线运动的小球

(5)选中图层 1，单击鼠标右键，选择添加传统运动引导层，如图 3－52 所示。

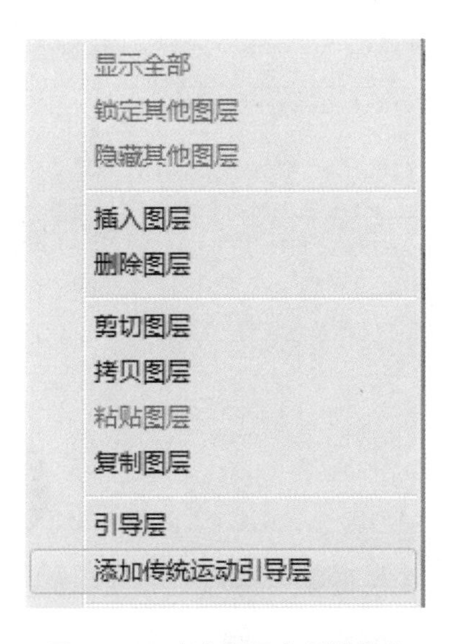

图 3－52　右击图层出现的菜单

(6)选中引导层的第 1 帧，在舞台上用铅笔工具任意画一条曲线，也可以运用直线工具配合选择工具将直线拖拉成曲线，如图 3—53 所示。

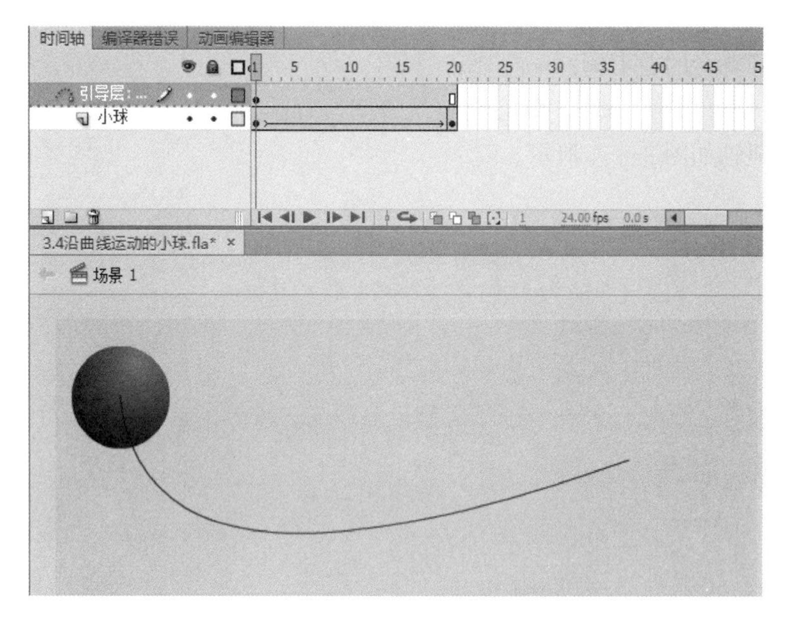

图 3—53 添加引导层

(7)单击“控制”→“测试影片”，观看动画效果，发现小球并没有沿曲线运动，而是仍然沿直线运动。这是因为引导层没有起作用，没有告知小球起点与终点。

(8)单击“小球”图层的第 1 帧，将小球移到曲线的左侧，使其中心点对齐起点。

(9)单击“小球”图层的第 20 帧，将小球移到曲线的右侧，使其中心点对齐终点，如图 3—54 所示。

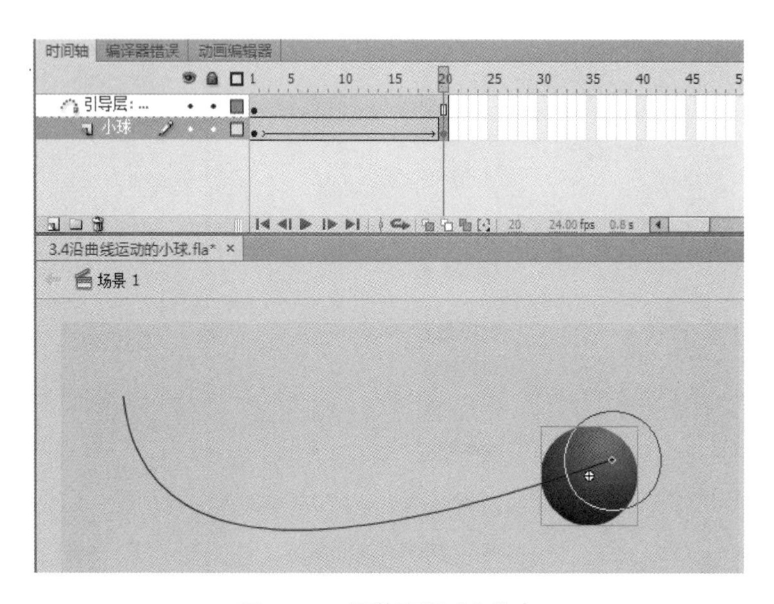

图 3—54 调整实例对齐终点

(10)执行“控制”→“测试影片”命令,观看动画效果。

(11)按“Ctrl+S”组合键,保存文件。

注意:引导动画,必须要有引导层,而且引导层的图形要能给被引导图层指出一条完整的路径,即有明确的起点和终点,这条路径必须是一条连续的且不封闭的曲线。假如引导层上的图形是一个圆,则动画不能产生预期效果,因为找不到起点和终点。因此,必须给圆打开一个小缺口。例如,地球环绕太阳运动,如图3—55所示。

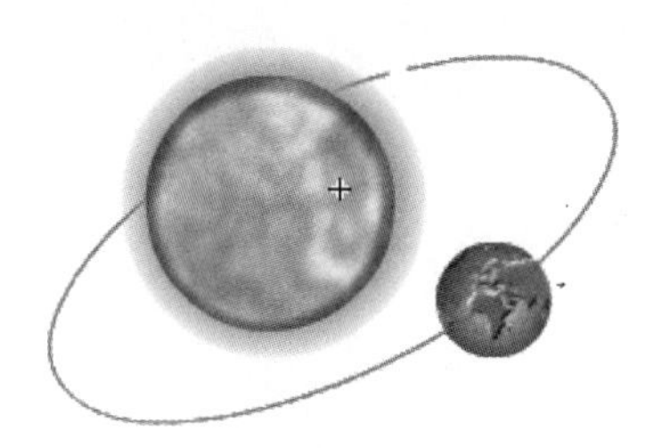

图3—55　地球环绕太阳运动

3.4.3　飞翔的纸飞机

在前面所讲的引导层动画中,元件和引导线都比较平滑,但是在很多动画中,元件不是很规则,或者引导线也不是很规则。例如,飞机在空中盘旋、上升、俯冲,汽车在盘山公路上行驶等,这就需要用到“调整到路径”的功能。

1. 创作要求

设计与制作一个模拟“飞翔的纸飞机”的动画。动画播放时,飞机的头部与机身必须随着路径的变化而变化,即沿着椭圆的切线方向飞行,如图3—56、图3—57、图3—58所示。

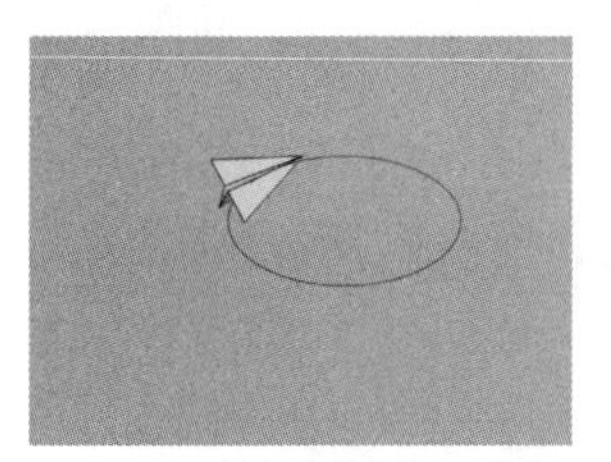

图3—56　飞机1

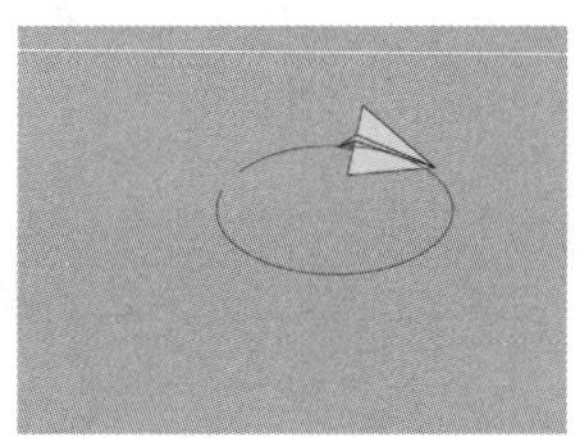

图3—57　飞机2

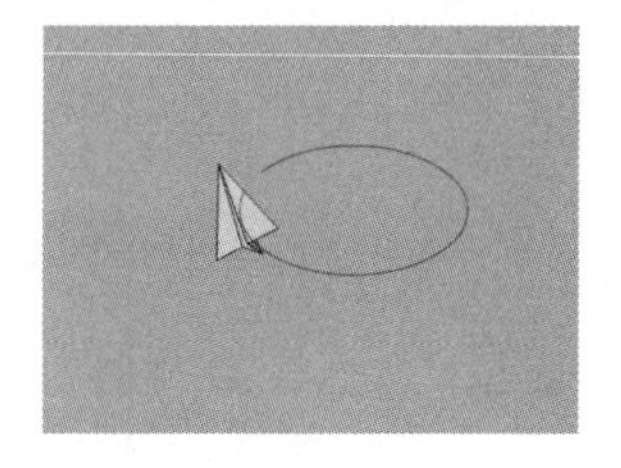

图3—58　飞机3

2. 创作过程

(1)启动 Flash CS6,选择 ActionScript 3.0,新建一个文档,设置文档属性的舞台大小为550×400像素,背景颜色为淡蓝色;保存文档为“飞翔的纸飞机 . fla”。

(2)按下“Ctrl+F8”键,创建图形新元件,输入名称为“纸飞机”,单击“确定”按钮。在“纸飞机”元件编辑区,运用线条工具和颜料桶工具绘制一架银灰色的飞机的元件,如图3—59所示。

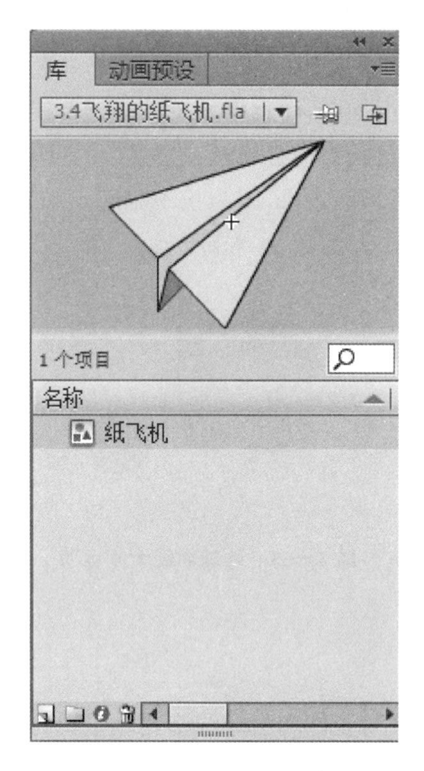

图 3－59　纸飞机元件

(3)回到场景 1,选择图层 1,将其命名为“飞机”,单击第 1 帧,将库中的“纸飞机”元件拖到舞台的左边,生成一个“飞机”的实例;选中第 40 帧,按下 F6 键插入一个关键帧,将“飞机”实例拖到舞台的右边,右键单击第 1 帧,创建传统补间动画。

(4)右键单击“飞机”图层,选择并执行“添加传统运动引导层”,命名为“椭圆”,在“椭圆”图层上绘制一个椭圆图形,并开出一个小口,时间轴如图 3－60 所示。

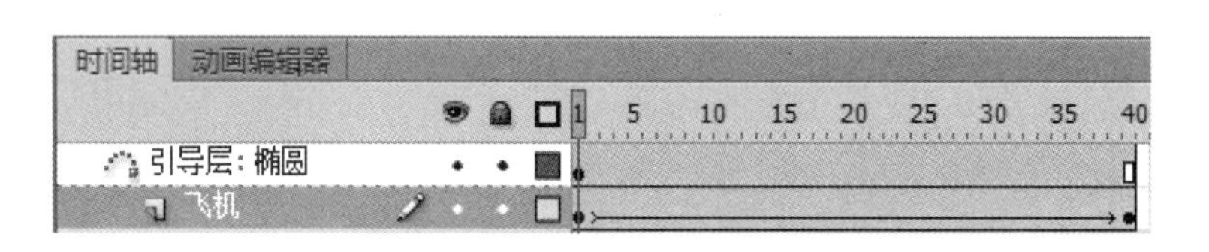

图 3－60　飞翔的纸飞机时间轴

(5)调整飞机的起点和终点位置,单击“控制”→“测试影片”观看动画效果,发现飞机虽然沿着椭圆飞行,但是飞机的头部和机身始终保持初始状态,不会随着路径调整方向。

(6)选择“飞机”图层的第 1 帧,然后勾选属性面板上的“调整到路径”按钮,如图 3－61 所示。

(7)使用“任意变形工具”,对舞台上起点的“飞机”实例进行旋转,使其头部方向与椭圆相切,如图 3－62 所示。

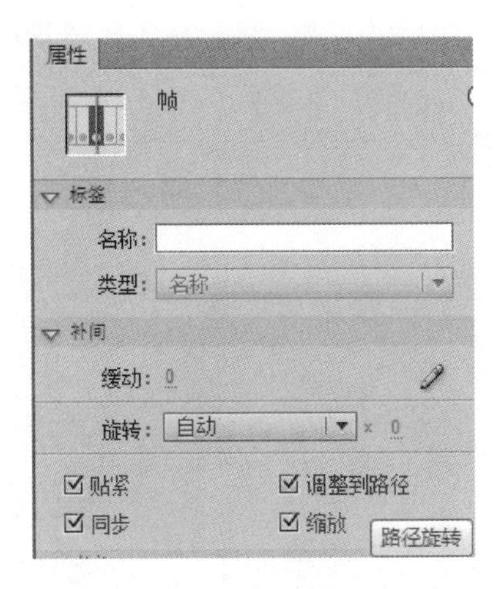

图 3－61　调整到路径

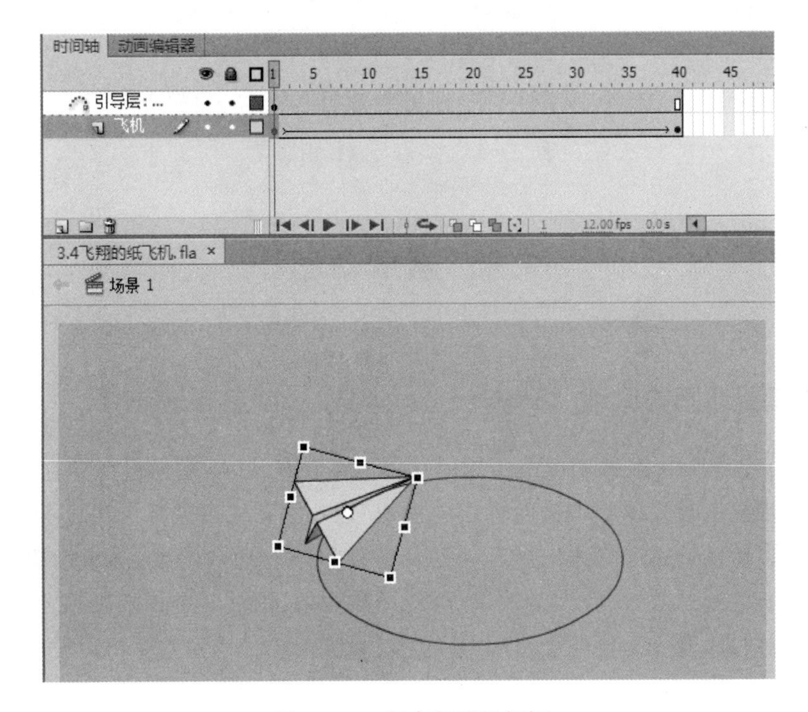

图 3－62　起点与路径相切

(8)选择“飞机”图层的第 40 帧，使用“任意变形工具”，对舞台上终点的“飞机”实例进行旋转，使其头部方向与椭圆相切，如图 3－63 所示。

(9)执行“控制”→“测试影片”命令，观看动画效果。

(10)按“Ctrl＋S”组合键，保存文件。

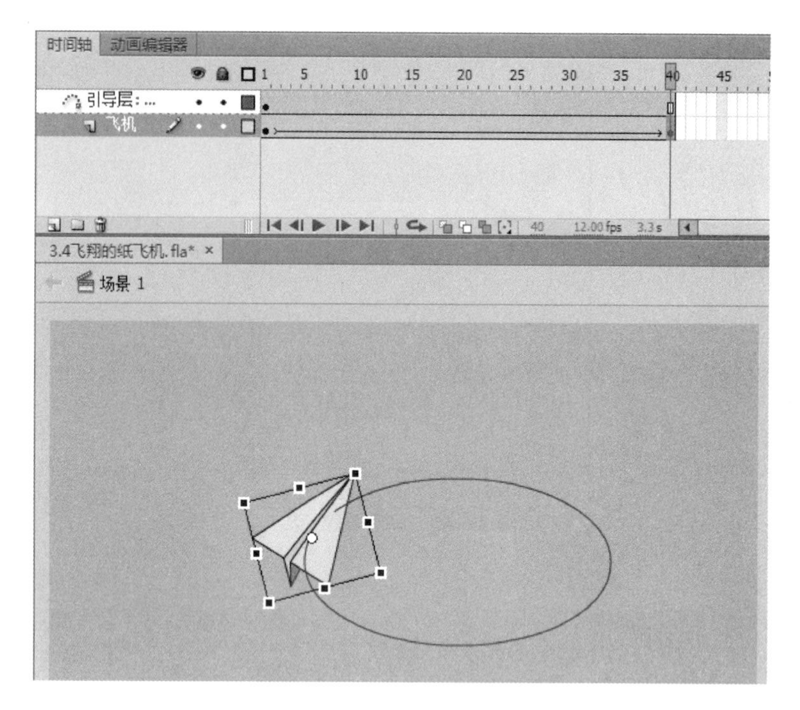

图 3—63　终点与路径相切

3.5　遮罩动画

3.5.1　遮罩动画的原理

遮罩，是 Flash 动画中很常用也很实用的功能。简单地说，就是通过遮罩层上某个形状的“视窗”，有选择地显示被遮罩层中的内容，在“视窗”之外的其他对象都无法显示出来。利用这一原理，用户可以使用遮罩层制作出灯光移动及各种复杂的动画效果。例如，探照灯效果、电影序幕效果、旋转的地球效果、放大镜效果、烟花燃放效果、画轴的展开效果等。

要实现遮罩效果，至少需要两个图层：遮罩层、被遮罩层。

1. 遮罩层

遮罩层就是通常意义上的“视窗”或“孔”，在最终的遮罩效果中会显示出遮罩层的形状，但不能显示出遮罩层本来的颜色。所有的遮罩层都是由普通图层转换而来的。

遮罩层中的图形内容可以是填充的形状、图形元件的实例、影片剪辑、文字对象等，但是线条不能作为遮罩层的图形内容。如果一定要将线条作为遮罩层，则必须将线条转换为填充后才能使用。方法是，执行菜单“修改”→“形状”→“将线条转换为填充”命令。

2. 被遮罩层

被遮罩层就是放置需要被显示内容的图层，无论是图形，还是文字、图片，都可以被遮罩显示。

3.5.2　探照灯效果

1. 创作要求

创作与设计一个“探照灯”动画，该动画播放时，屏幕上显示一个白色的圆(光圈)从左往右移动；圆移动所到的地方，显示的文字特别亮，如图 3－64 所示。

图 3－64　探照灯

2. 创作过程

(1)启动 Flash CS6，选择 ActionScript 3.0，新建一个文档，在文档属性中设置背景为黑色(＃000000)，其他为默认值，保存文档为“探照灯 . fla”。

(2)按下“Ctrl＋F8”键，创建图形新元件，输入名称“暗字”，单击“确定”按钮。在“暗字”元件编辑区，运用“文本工具”创建文字“探照灯效果”，文字大小为 48，字体为黑体，颜色为淡灰色(＃999999)，如图 3－65 所示。

图 3－65　暗字元件

(3)按下“Ctrl＋F8”键，创建图形新元件，输入名称 “亮字”，单击“确定”按钮。在“亮字”元件编辑区，运用“文本工具”创建文字“探照灯效果”，文字大小为 48，字体为黑体，颜色为白色（＃FFFFFF），如图 3－66 所示。

图 3－66　亮字元件

（4）按下“Ctrl＋F8”键，创建图形新元件，输入名称“圆”，单击“确定”按钮。在“圆”元件编辑区，运用“椭圆工具”创建一个圆，宽和高都为 70，颜色为任意，如图 3－67 所示。

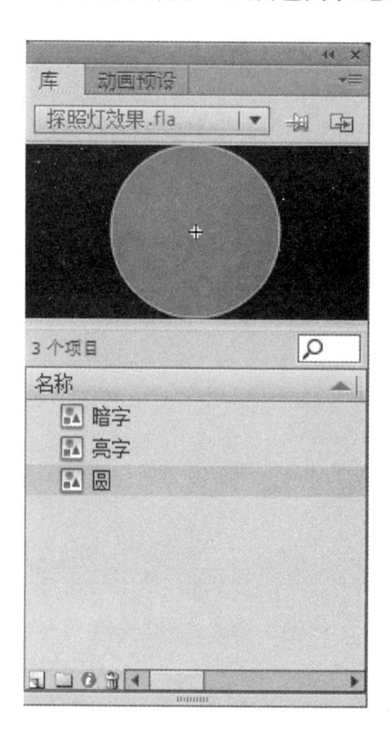

图 3－67　圆元件

(5)回到场景 1,选择图层 1,将其命名为“暗字”,单击第 1 帧,将库中的“暗字”元件拖到舞台上,形成一个实例,在第 20 帧处按下 F5 键,如图 3—68 所示。

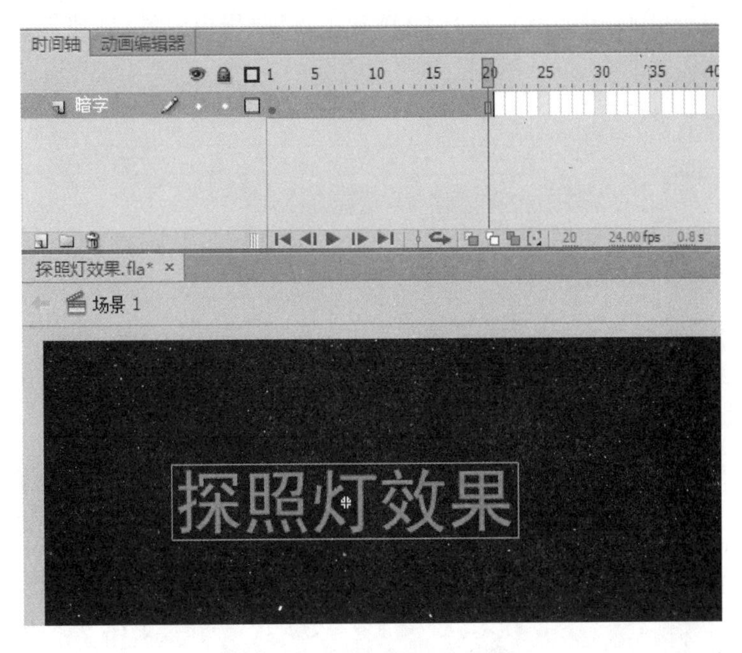

图 3—68　图层暗字的场景

(6)新建图层 2,将其命名为“亮字”,单击第 1 帧,将库中的“亮字”元件拖到舞台上形成一个实例,并让其完全盖住下面图层“暗字”上的字,然后在第 20 帧处按下 F5 键,如图 3—69 所示。

图 3—69　图层亮字的场景

(7)新建图层 3,将其命名为“遮罩的圆”,单击第 1 帧,将库中的“圆”拖到舞台上,形成一个实例,移动“圆”实例使其盖住文字的第 1 个字;单击该图层的第 20 帧,将场景中的“圆”实例拖到舞台右侧,使其盖住亮字的最后一个字;选择第 1 帧,单击右键,选择“创建传统补间”,如图 3—70 所示。

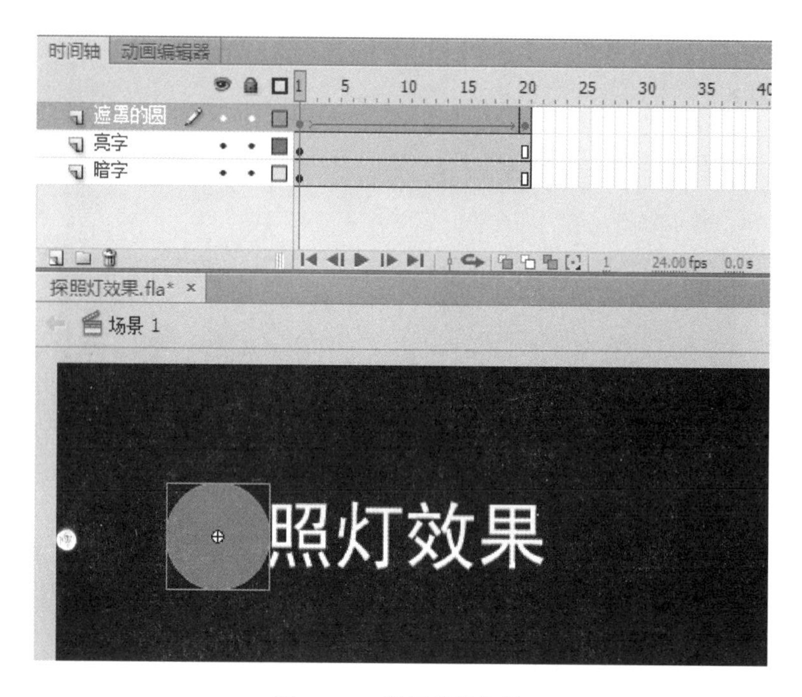

图 3—70　遮罩前的场景

(8)选择图层 3“遮罩的圆”,单击鼠标右键,选择并执行“遮罩层”命令,如图 3—71 所示。

(9)此时,场景中的“圆”与“亮字”图形产生遮罩,即圆运动所到地方的文字特别亮,其他文字较暗,图层上的图标也相应地发生了变化,如图 3—72 所示。

(10)执行“控制”→“测试影片”命令,观看动画效果。

(11)按“Ctrl+S”组合键,保存文件。

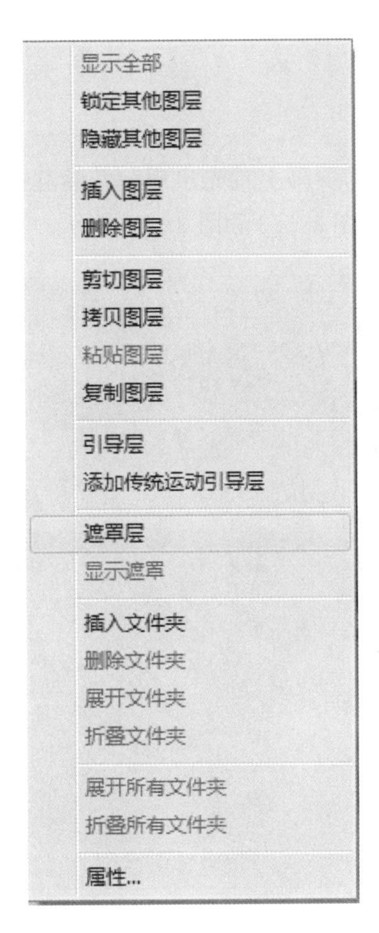

图 3—71　图层属性

图 3—72　遮罩后的场景

3.5.3 画轴的展开

1. 创作要求

设计一个“画轴的展开”动画，屏幕上首先出现一幅卷起的画轴，然后画轴慢慢地向右展开，出现了一幅美丽的中国画，如图 3—73 和图 3—74 所示。

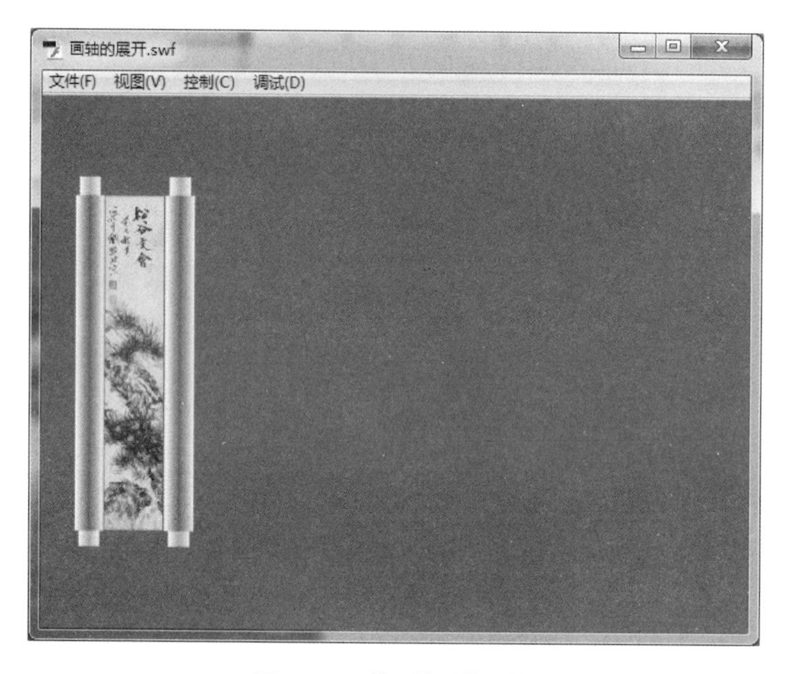

图 3—73 第 5 帧时的画轴

图 3—74 全部展开的画轴

动画原理：用一个不断向右延伸的矩形块去遮罩一幅图像，随着矩形块“视窗”不断增大，看到图像的内容也不断增多，感觉就像画轴被展开。

2. 创作过程

(1)启动 Flash CS6，选择 ActionScript 3.0，新建一个文档，设置舞台大小为默认值，保存文档为“画轴的展开 . fla”。

(2)将图层 1 命名为“国画背景”，在图层 1 的第 1 帧处导入一幅中国画，按 F8 键将其转换为图形元件，命名为“中国画”；在第 40 帧处按 F5 键，如图 3－75 所示。

图 3－75　国画背景图层

(3)在图层 1 的上面新建图层 2，将其命名为“矩形”，并在中国画的上方画一个蓝色的矩形图形，使它和中国画一样大小并完全盖住中国画，并按 F8 键将其转换为图形元件，命名为“矩形”，如图 3－76 所示。

(4)在图层 2“矩形”的第 40 帧处按下 F6 键插入一个关键帧，选中第 1 帧处的“矩形”实例，将它移到中国画的最左端，右键单击图层 2 的第 1 帧，创建传统补间动画，实现一个矩形向右慢慢运动，并逐渐盖住中国画的动画，第 20 帧时的矩形区域如图 3－77 所示。

(5)按下“Ctrl＋F8”组合键，创建图形新元件，输入名称为“画轴”，单击“确定”按钮。在“画轴”元件编辑区，运用“矩形工具”制作画轴元件。制作好的元件如图 3－78 所示。

(6)回到场景 1，新建图层 3，将其命名为“左轴”，单击第 1 帧，将库中的“画轴”元件拖到舞台上图像的左边形成实例“左轴”。

(7)新建图层 4，将其命名为“右轴”，单击第 1 帧，将库中的“画轴”元件拖到舞台上形成实例“右轴”，放到实例左轴的右边，如图 3－79 所示。

(8)选中图层 4“右轴”，在第 40 帧处插入一个关键帧，将舞台上的“右轴”实例拖到舞台上图像的右边；在图层 4 的第 1 帧处单击鼠标右键，选择“创建传统补间”；选中图层 3“左轴”，在第 40 帧处按下 F5 键。

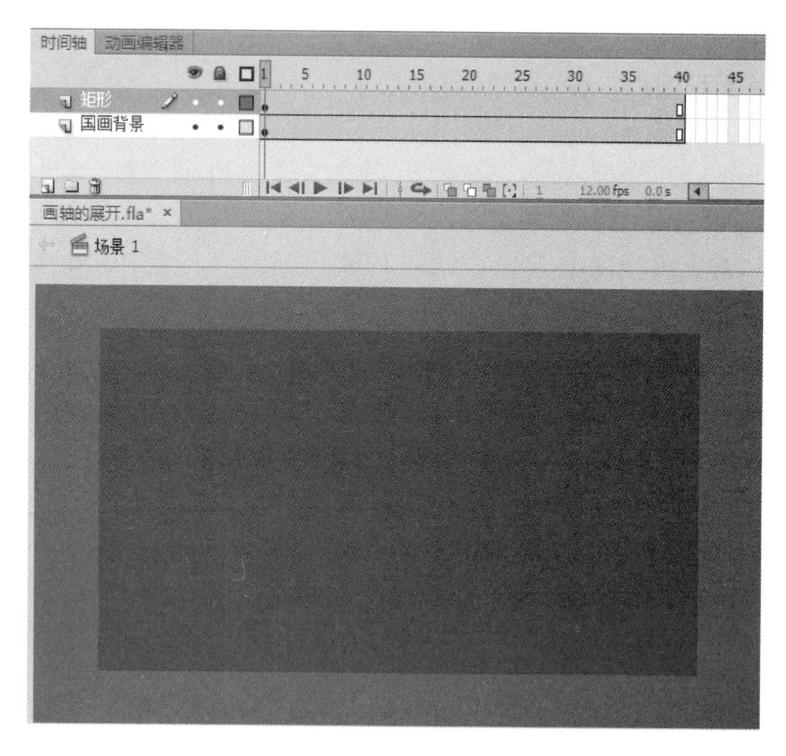

图 3—76　第 1 帧时的矩形

图 3—77　第 20 帧时的矩形区域

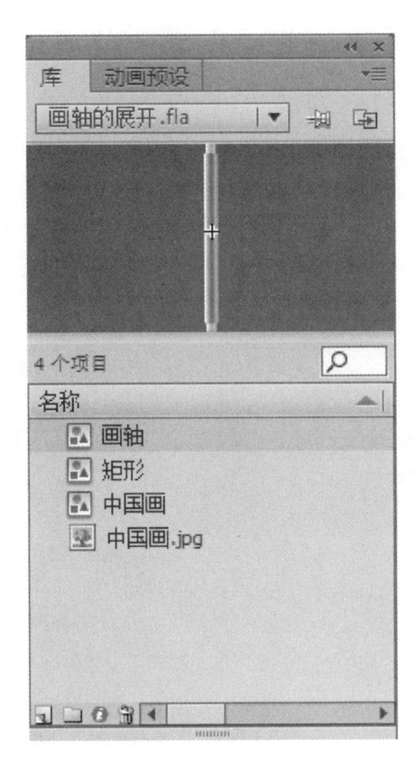

图 3—78　画轴元件

图 3—79　第 1 帧时的左轴与右轴

(9)选中图层 2“矩形”,单击鼠标右键,单击“遮罩层”,使其对国画背景图层的中国画产生遮罩,最终场景如图 3—80 所示。

图 3—80　最终场景

(10)执行“控制”→“测试影片”命令,观看动画效果。

(11)当画轴全部展开后,如果想让其再停留一段时间,只需在每一个图层的第 50 帧或后面的帧处按 F5 键插入普通帧即可。

(12)按“Ctrl+S”组合键,保存文件。

3.6　补间形状动画

3.6.1　补间形状动画的原理

补间形状动画也称变形动画,它是由一种形状对象逐渐变为另外一种形状对象的动画。补间形状动画只能用于未成组的矢量图形,成组的对象及字体必须被分离成矢量图形,才能用于补间形状动画的制作。

在 Flash 中，可以将各种元件或图形进行分离，然后进行变形。例如，将一块石头变成孙悟空，将一个球变成一个五角星等。总之，在补间形状动画中，对象位置与颜色的变换是在两个对象之间发生的，而在传统补间动画中，变化的是同一个对象的位置和颜色等属性。

3.6.2　球变文字动画

1. 创作要求

设计与制作一个“小球变成你”的补间形状动画。动画播放时，屏幕上显示一个红色的小球图形，然后慢慢地变成一个绿色的文字“你”，如图 3－81 所示。

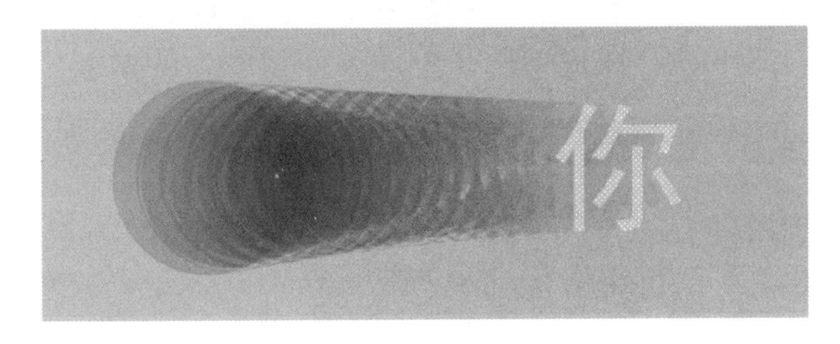

图 3－81　小球变成“你”

2. 创作过程

(1)启动 Flash CS6，选择 ActionScript 3.0，新建一个文档，设置文档属性的舞台大小为 550×200 像素，颜色为灰色(＃CCCCCC)，保存文档为“小球变你.fla”。

(2)选中图层 1，将其命名为“小球变你”，选择第 1 帧，单击工具箱中的“椭圆工具”(单击矩形工具右下角的三角形，选取椭圆工具)，按住“Shift”键，在舞台左侧绘制一个填充色为红色的小球，如图 3－82 所示。

图 3－82　第 1 帧的小球

(3)单击图层的第 20 帧，按下 F6 键插入一个关键帧，选中该帧，删除小球，在舞台的右侧运用文本工具输入一个绿色的“你”字，如图 3－83 所示。

图 3—83　第 20 帧的文字

(4)选中第 1 帧,单击鼠标右键,选择“创建补间形状”,如图 3—84 所示。

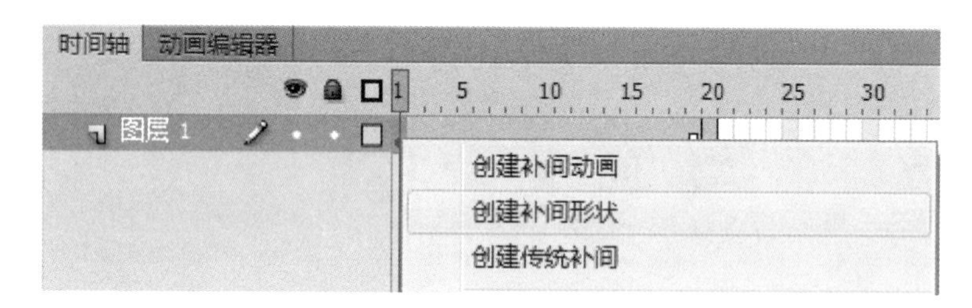

图 3—84　创建补间形状

(5)图层 1 的第 1 帧至第 20 帧之间产生虚线,形变动画不成功,如图 3—85 所示。

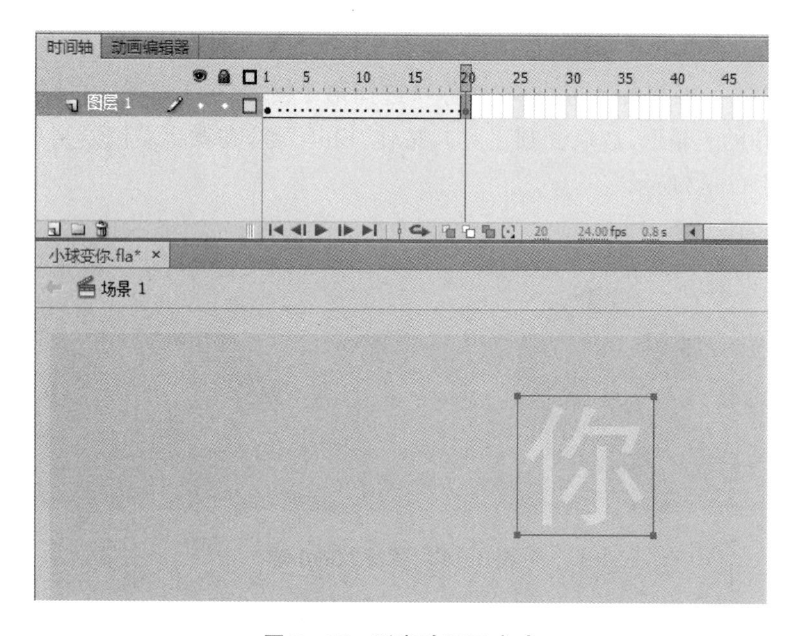

图 3—85　形变动画不成功

(6)选中该对象,执行菜单“修改”→“分离”命令,或按下“Ctrl+B”组合键,将其分离。分析(5)中不成功原因,形状变化动画中的对象都必须是分离状态的对象,而该动画的第 20 帧的文字对象是一个整体,没有分离。

(7)执行“控制”→“测试影片”命令,观看动画效果。如图 3—86 所示为第 10 帧动画。

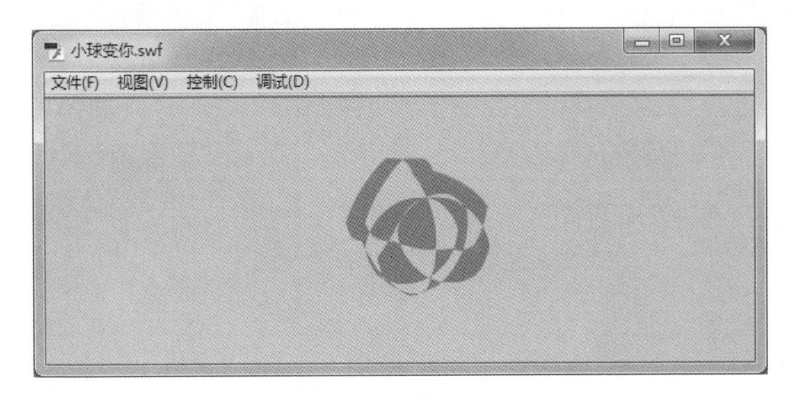

图 3—86　形变动画第 10 帧

(8)按“Ctrl+S”组合键,保存文件。

注意:在补间形状动画的制作过程中,不需要制作元件,可以对舞台中绘制的图形直接进行变形。但是,如果是对元件或文字进行变形,必须先将它们进行分离(方法是选中对象,然后按“Ctrl+B”组合键进行分离),如果是多个文字的组合,则必须按两次“Ctrl+B”键,即分离两次;否则,动画不能实现,箭头也会变成虚线。

3.6.3　定点变形

1. 创作要求

设计与制作一个“Y 变成 X”定点变形动画。动画播放时,要求 Y 的上方保持不变,下方发生变化,最终变成 X,如图 3—87 所示。

图 3—87　Y 变成 X

2. 创作过程

(1)启动 Flash CS6,选择 ActionScript 3.0,新建一个文档,设置文档属性的舞台大小为 120×120 像素,颜色为白色,保存文档为“Y 变成 X.fla”。

(2)选中图层 1,将其命名为“Y 变成 X”,选择第 1 帧,单击工具箱中的“文本工具”,在舞台中间输入一个“Y”字符,颜色为绿色,如图 3—88 所示;单击图层 1 的第 10 帧,按 F6 键插入一个关键帧,选中该帧,将“Y”改为“X”,如图 3—89 所示。

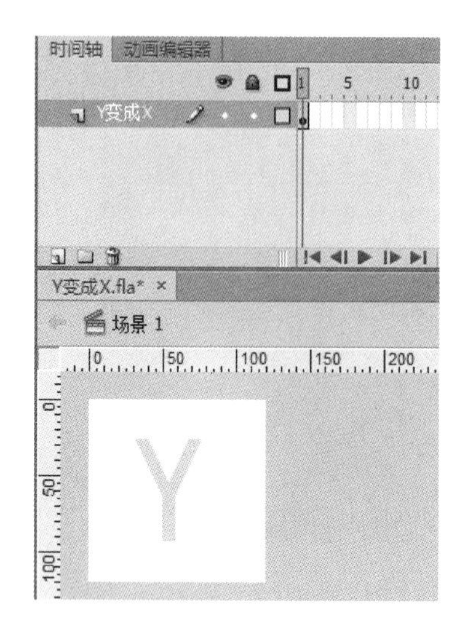

图 3－88　第 1 帧的 Y

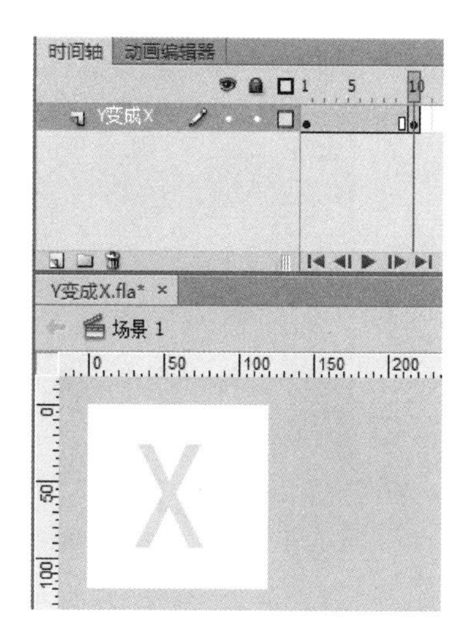

图 3－89　第 10 帧的 X

(3)左键单击第 1 帧，选中 Y 字，按下“Ctrl＋B”组合键将其分离；左键单击第 10 帧，选中 X 字，按下“Ctrl＋B”组合键将其分离；选中第 1 帧，单击右键，选择“创建补间形状”。

(4)执行菜单“控制”→“测试影片”命令，观看动画效果，发现 Y 在形变时产生了旋转，整个文字慢慢变形为 X，没有达到预期效果。

(5)应用形状提示点。执行菜单“视图”→“显示形状提示”，如图 3－90 所示。

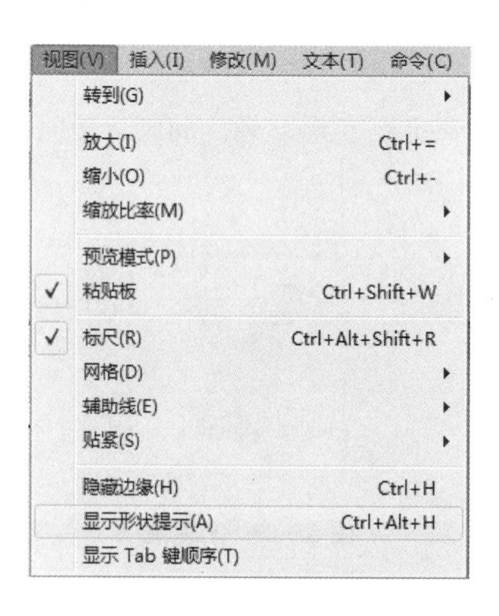

图 3－90　显示形状提示

(6)单击图层 1 的第 1 帧，按下“Shift＋Ctrl＋H”组合键插入一个提示点，再按 2 次，插入 2 个提示点，并将它们移到 Y 的相应位置上，如图 3－91 所示；单击图层 1 的第 10 帧，此时发现也有 3 个提示点，将它们调整到位，此时提示点变成绿色，如图 3－92 所示。

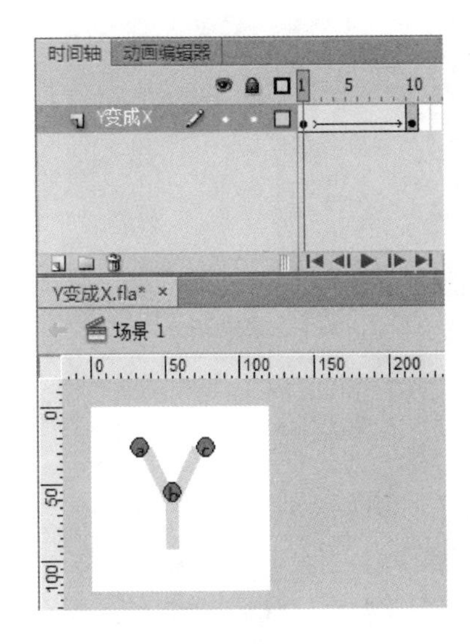

图 3－91　加入提示点的“Y”

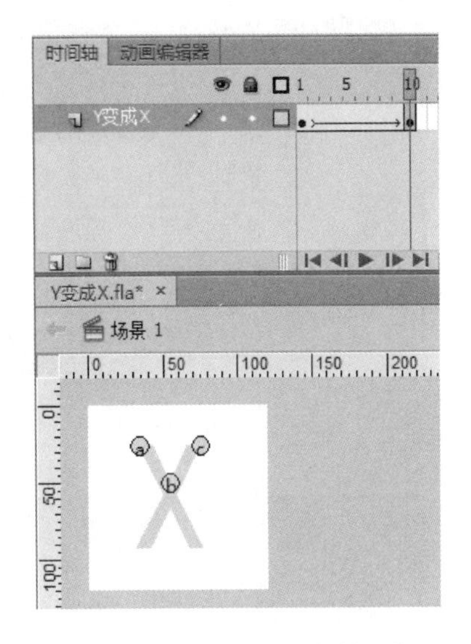

图 3－92　加入提示点的“X”

(7)执行菜单“控制”→“测试影片”命令，观看动画效果。发现 Y 在形变时上部没有发生变化，Y 的下部慢慢变成 X 的下部，达到预期效果。

(8)按“Ctrl+S”组合键，保存文件。

3.6.4　书本翻页效果

1. 创作要求

设计与制作一个模拟“书本翻页”的动画。动画播放时，首先是翻开封面，然后慢慢地翻开书页，最后合上封底，如图 3－93 至图 3－102 所示。

图 3－93

图 3－94

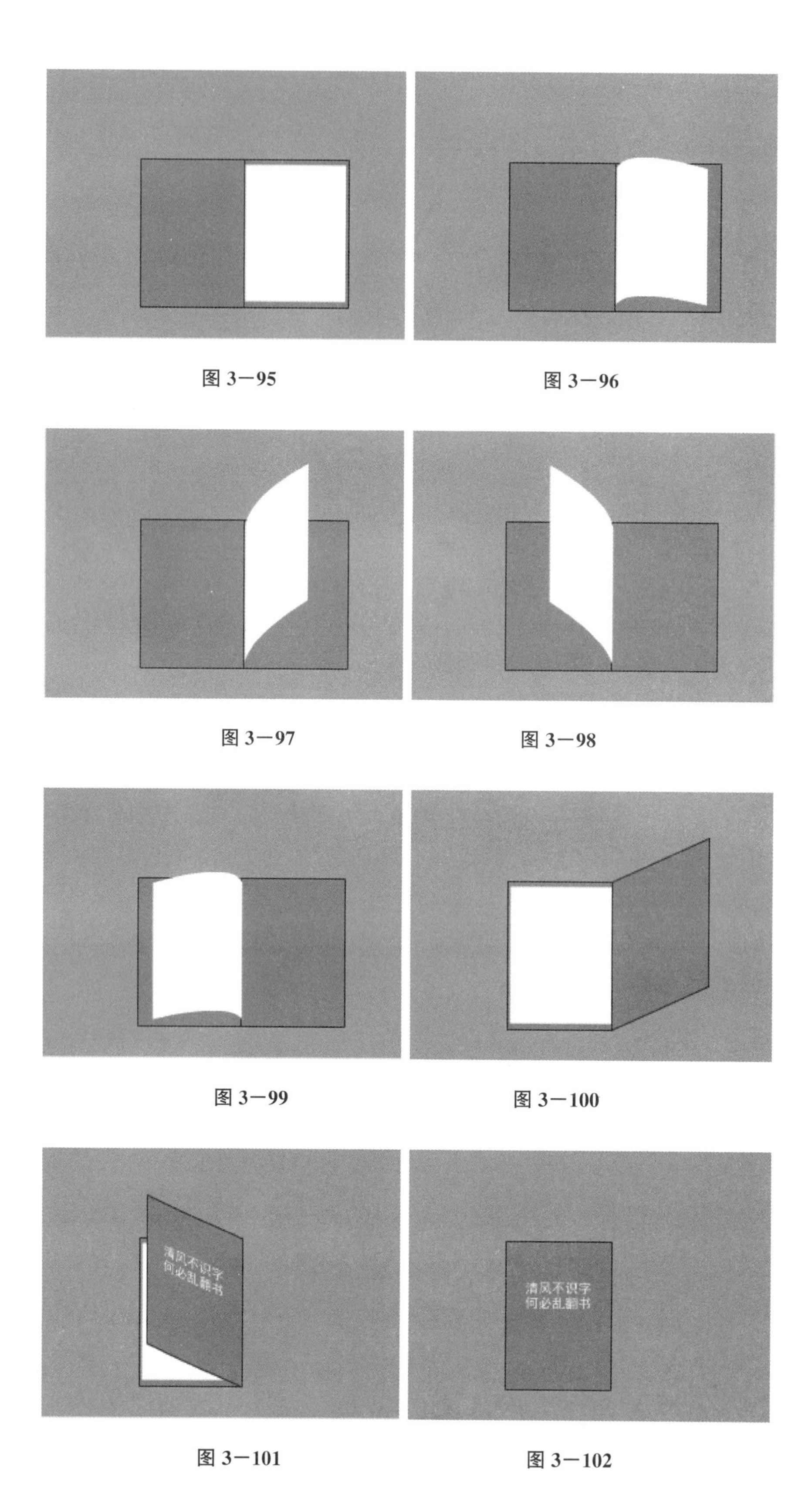

图 3—95

图 3—96

图 3—97

图 3—98

图 3—99

图 3—100

图 3—101

图 3—102

2. 创作过程

(1)启动 Flash CS6,选择 ActionScript 3.0,新建一个文档,设置文档属性为默认值,即大小为 550×400 像素,颜色为灰色;保存文档为"书本翻页 .fla"。

(2)按下"Ctrl+F8"组合键,打开"创建新元件"对话框,选择"图形"类型,输入名称"封面外侧",单击"确定"按钮。在"封面外侧"元件编辑区,运用"矩形工具""文本工具""颜料桶工具"绘制书本"封面外侧"元件,如图 3-103 所示。

图 3-103　书本封面外侧元件

(3)按下"Ctrl+F8"组合键,打开"创建新元件"对话框,选择"图形"类型,输入名称为"封面内侧"后单击"确定"按钮。在"封面内侧"元件编辑区,运用"矩形工具"和"颜料桶工具"绘制一个书本"封面内侧"的元件,如图 3-104 所示。

图 3-104　书本封面内侧元件

(4)按下"Ctrl+F8"组合键,打开"创建新元件"对话框,选择"图形"类型,输入名称为"封底",单击"确定"按钮。在"封底"元件编辑区,运用"矩形工具""文本工具"和"颜料桶工具"绘制一个书本"封底"的元件,如图 3-105 所示。

图 3—105　书本封底元件

(5)回到场景 1,插入 3 个图层,从上到下分别命名为“封面”“书页”和“封底”,将库中的“封面外侧”元件和“封底”元件拖入对应的图层,并运用对齐功能将这两个实例进行左对齐和顶对齐,动画初始时的时间轴如图 3—106 所示。

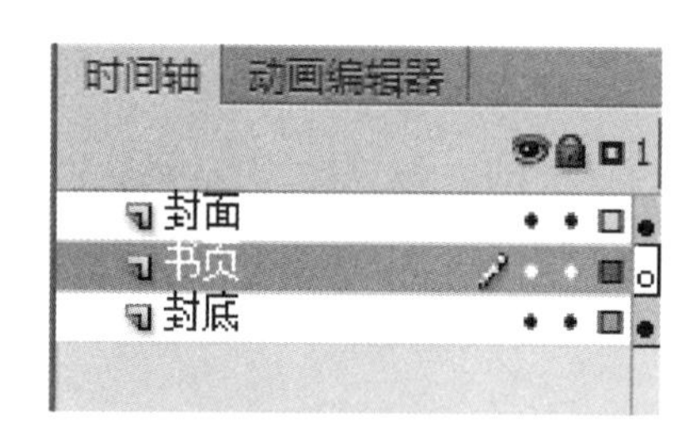

图 3—106　动画初始时的时间轴

(6)此时“书页”图层为空关键帧,运用“矩形工具”和“颜料桶工具”直接绘制一页白纸。为了清楚地显示白纸,可以先将“封面”图层隐藏,如图 3—107 所示。

(7)如果要精确播放此动画,大约需要 200 帧,不妨先将“封面”图层和“封底”图层的内容保持到 200 帧,待完成动画后将多余的帧删除。

(8)选中并显示“封面”图层,开始制作翻开封面的动画。在第 1 帧处选中封面实例,运用任意变形工具,将实例的中心点(小圆圈)调整到左边沿的中间,如图 3—108 所示。

图 3－107　绘制的白纸

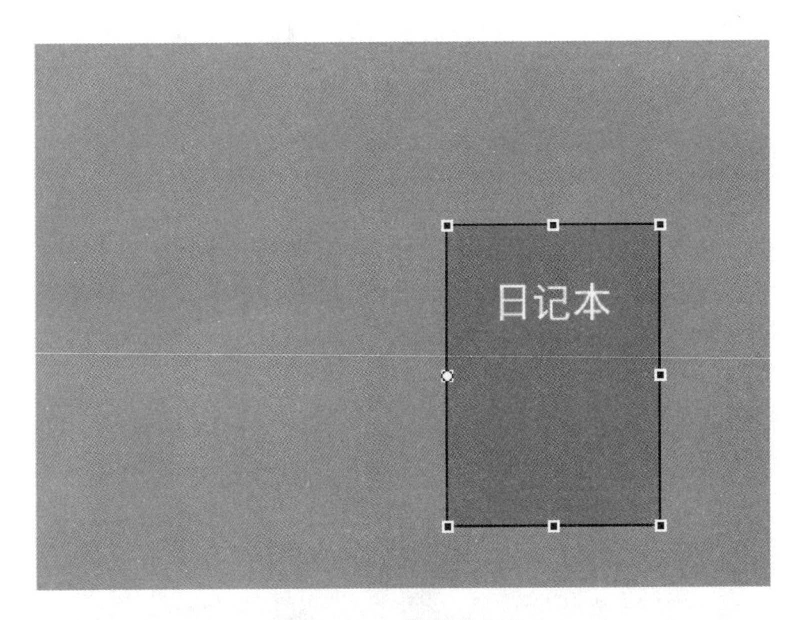

图 3－108　调整中心点

(9)在第 30 帧处单击，按 F6 键插入一个关键帧，将图 3－108 中的实例进行旋转和缩放操作，使封面翻到 90 度的位置，然后创建传统补间动画，如图 3－109 所示。

(10)继续选中“封面”图层，单击第 31 帧，按下 F6 键插入一个关键帧，删除有字的封面实例；将库中的“封面内侧”元件拖入舞台中，使之与封底完全对齐。运用第(8)、第(9)两步的操作方法，将封面的后半部分翻开至第 60 帧为止。

(11)翻开白纸书页。在这个图层的操作过程中，一直用到补间形状动画。选中“书页”图

图 3－109　翻开的封面

层，单击第 65 帧，按下 F6 键插入一个关键帧；单击第 75 帧，按下 F6 键插入一个关键帧，运用“选择工具”和“任意变形工具”将白纸的上、右、下三个边缘拖拉成如图 3－110 所示的样子。

图 3－110　开始翻白纸

(12)单击第 90 帧，按下 F6 键插入一个关键帧，运用“选择工具”和“任意变形工具”将白纸的上、右、下三个边缘拖拉成如图 3－111 所示的样子。

(13)单击第 100 帧，按下 F6 键插入一个关键帧，同上操作将白纸变形成如图 3－112 所示的样子。用鼠标选中“书页”图层的 65 至 100 帧，单击右键，选择“创建补间形状”。

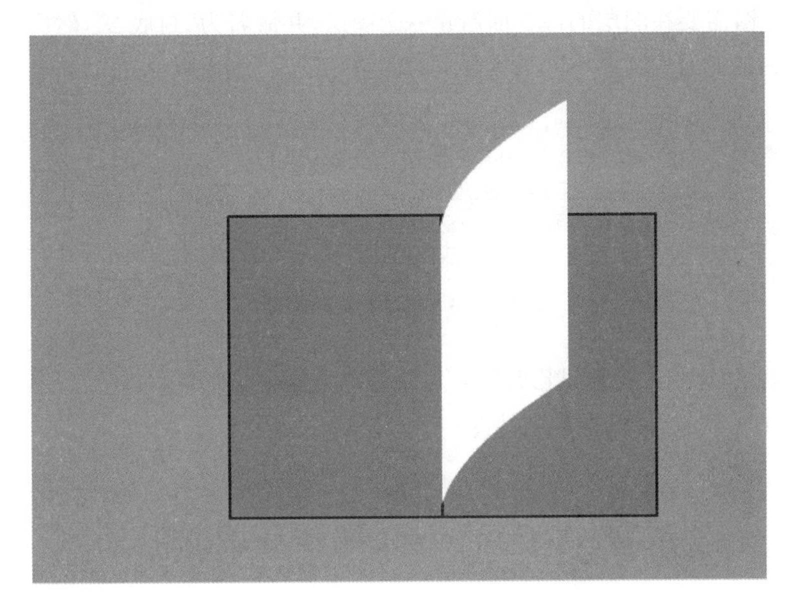

图 3－111　继续翻白纸

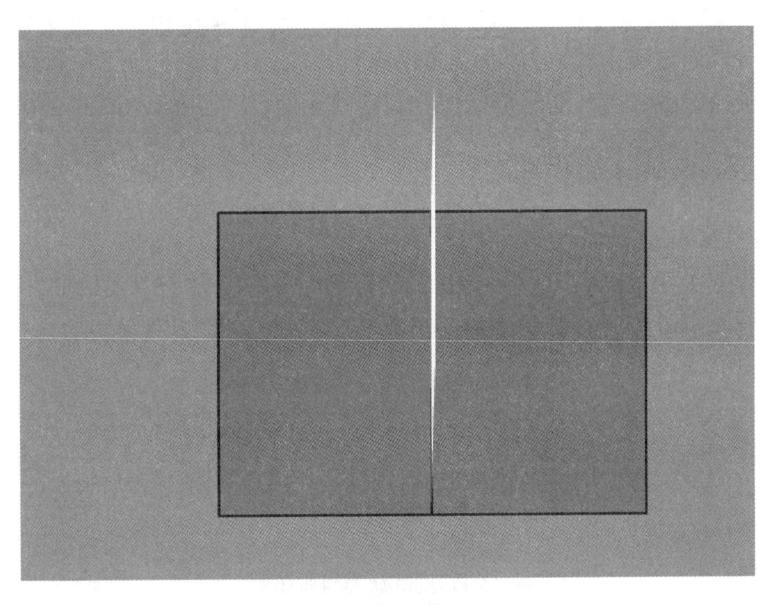

图 3－112　继续翻白纸到 90 度

(14)调整图层顺序。白纸的后半部分翻页(第 101 帧至第 135 帧)内容同前半部分完全相似,但是,在制作的过程中发现,白纸总是被上面的“封面”图层盖住。因此,必须将“封面”图层进行调整,否则,后面的封底翻到 90 度之后也会被盖住。调整方法:新建一个图层,放到时间轴的最底部,即所有图层的最底层,命名为“封面 2”;选中“封面”图层第 101 帧至第 200 帧的内容,将其剪切并复制到“封面 2”的对应帧上。

(15)运用封面翻页的方法,将封底进行翻页。同理,当封底翻到 90 度时,也会被上面的白纸图层盖住，因此，需要在图层的最上面新建一个图层，并命名为“封底 2”，然后将封底的后半部分内容剪切到最上面的图层上。书本翻页时间轴如图 3—113 所示。

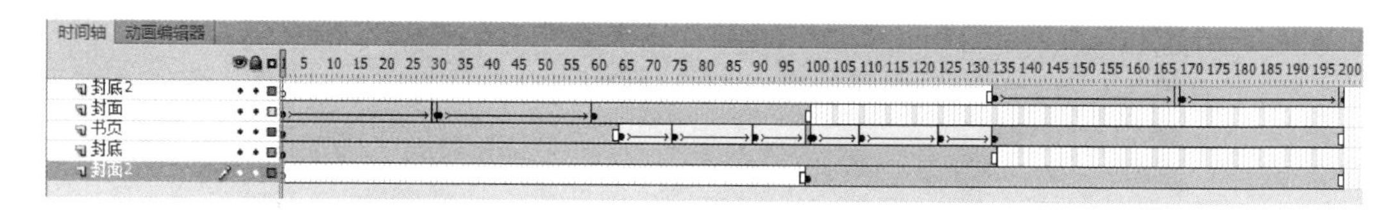

图 3—113　书本翻页时间轴

(16)执行菜单“控制”→“测试影片”命令，观看动画效果。

(17)按“Ctrl+S”组合键，保存文件。

3.7　ActionScript 编程环境入门

交互式动画就是用户可以参与控制的动画，用户可以通过鼠标或键盘操作，使动画的画面产生跳转或执行一些特定动作脚本(也称程序)。在 Flash 中是使用 ActionScript 编程语言编写程序代码的，可以通过输入代码，让系统自动执行相应的任务，并询问在影片运行时发生的情况。使用 ActionScript 语言，能够更好地控制动画元件，从而提高动画的交互性。

3.7.1　ActionScript 编程基础

1. 时间轴控制全局函数

Flash 中提供了大量的函数，这些函数可以从“动作”面板命令列表区的“全局函数”目录下找到。例如，时间轴函数就是其中的一些函数，它的功能如表 3—1 所示。

表 3—1　“时间轴控制”函数的格式和功能

格　式	功　能
Gotoandplay([scene,]frame)	使播放头跳转到指定场景内的指定帧并开始播放，一般情况下省略[scene,]参数，则默认为当前场景
Gotoandstop([scene,]frame)	使播放头跳转到指定场景内的指定帧并停止播放，一般情况下省略[scene,]参数，则默认为当前场景
nextFrame()	使播放头跳转到当前帧的下一帧，并停在该帧上
nextScene()	使播放头跳转到下一个场景的第一帧，并停在该帧上
Play()	如果当前动画暂停播放，则从播放头暂停处继续播放动画
prevFrame()	使播放头跳转到当前帧的上一帧，并停在该帧上
prevScene()	使播放头跳转到上一个场景的第一帧，并停在该帧上
Stop()	暂停当前动画的播放，使播放头停止在当前帧
stopALLSounds()	关闭目前播放的 Flash 动画内所有正在播放的声音

2. 按钮与按键的事件与动作

单击选中舞台工作区的一个按钮实例对象，调出“全局函数”下的“影片剪辑控制”目录下的 on 命令，将其拖动到右边的程序编辑区内，可以在 on 命令的括号内加入按钮事件与按键事件命令。

例如，设计一个按钮，假设实例名为“Anplay”，用该按钮控制播放动画方法如下：

(1)方法一，在舞台上右键单击该按钮实例，选择“动作”，在打开的“动作—按钮”面板上输入以下语句：

On(release){gotoAndPlay(1);}//当按钮按下并释放时，跳到第 1 帧并播放。

(2)方法二，直接在“动作—帧”面板上进行编程，输入以下语句：

Anplay. onPress=function()

{gotoAndPlay(1);}

3. 影片剪辑元件的事件与动作

在舞台中的影片剪辑实例，也可以通过鼠标或键盘等触发产生事件，并通过事件来执行一系列动作。如在推箱子的游戏中，按下向右键，影片剪辑实例向右移动；按下向上键，影片剪辑实例则向上移动。

对影片剪辑实例调出动作面板的方法与“动作—按钮”面板的方法类似。在 Flash CS6 的 ActionScript 3.0 中，代码无法直接放置在对象上，需要在独立的帧或代码片断面板上编写动作代码。为了与前面的 Flash 版本相衔接，学习者可以选择 ActionScript 1.0&2.0，如图 3－114 所示。

图 3－114　修改 ActionScript 版本窗口

然后，在弹出的“动作—影片剪辑”面板左边命令列表区内单击“全局函数”→“影片剪辑控制”，将显示一组命令，如图 3－115 所示。

例如，将“onClipEvent”命令拖到右边的程序编辑区内开始编写程序，编辑区又会弹出一个提示列表框，如图 3－116 所示。例如，双击“load”表示当影片剪辑元件下载到舞台中时触发事件。

图 3—115　影片剪辑控制命令

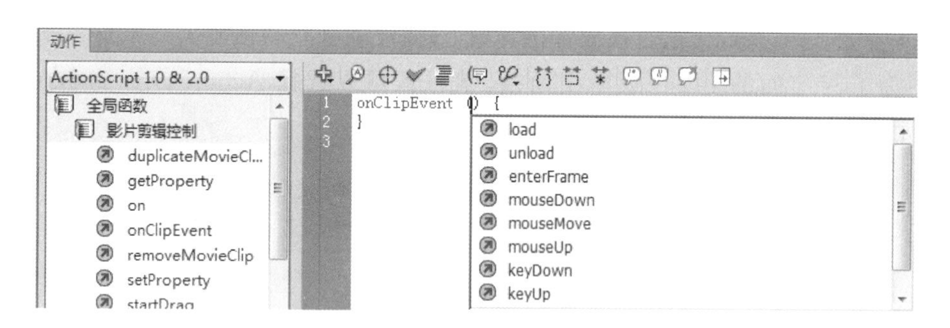

图 3—116　onClipEvent( )的事件

在影片剪辑实例"onClipEvent"中可以设置 9 种不同的事件，也可以多种事件同时触发，事件的具体含义如表 3—2 所示。

表 3—2　"onClipEvent"中的事件

事　件	功　能
load	加载，当影片元件下载到舞台中时触发事件
unload	卸载，当影片元件从舞台中被卸载时触发事件
enterFrame	进入帧，当导入帧时触发事件
mouseDown	当鼠标左键按下时触发事件
mouseMove	当鼠标在舞台上移动时触发事件

续表

事　件	功　能
mouseUp	当鼠标按键释放时触发事件
keyDown	当键盘上的某个按键按下时触发事件
keyUp	当键盘上的某个按键释放时触发事件
data	当导入的影片或导入的变量收到了数据变量时触发事件

3.7.2　按钮的制作

这一节，我们将先学习按钮的制作方法，然后再学习编程。虽然在 Flash 的“窗口”→“公用库”→“Buttons”里有大量按钮可以免费使用，但是掌握按钮的制作方法很有必要。

1. 创作要求

设计一个简单的“播放”按钮，如图 3—117 所示。

图 3—117　按钮

2. 创作过程

（1）启动 Flash CS6，选择 ActionScript 3. 0，新建一个文档，设置舞台大小为默认值，背景颜色设为淡灰色（＃CCCCCC），保存文档为“按钮 . fla”。

（2）按下“Ctrl＋F8”组合键，创建新元件，选取“按钮”命名“播放”，如图 3—118 所示。

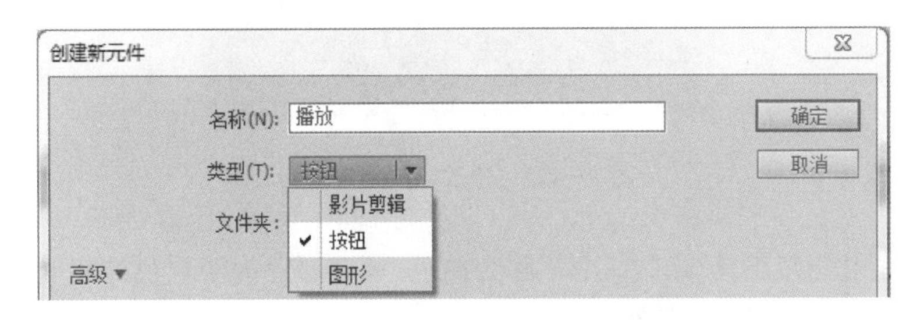

图 3—118　创建新元件对话框

（3）进入按钮 1 元件的编辑窗口，此时发现只有 4 帧，如图 3—119 所示。其中，第 1 帧表示弹起，即鼠标不在上面时的普通状态；第 2 帧表示鼠标位于按钮上面时的状态；第 3 帧表示按下，即鼠标按下按钮但未释放时的状态；第 4 帧表示点击，这个一般不作要求。

图 3—119　按钮编辑窗口

(4)选中第 1 帧(弹起),运用"矩形工具"绘制一个笔触为白色,填充颜色为灰色的矩形,如图 3—120 所示。

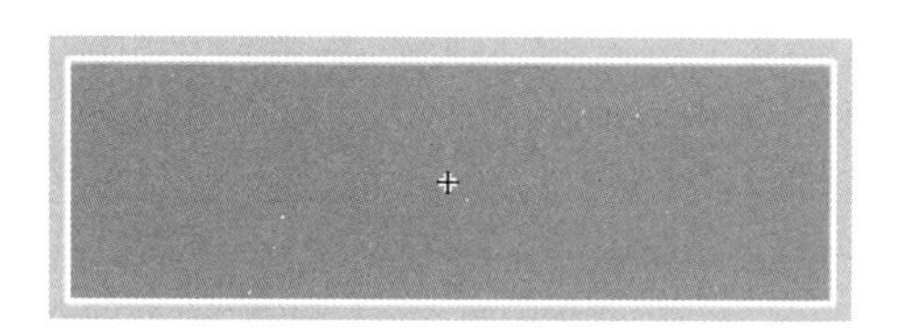

图 3—120　初始矩形按钮

(5)使用"选择工具"选中矩形外框右边和下边的两条边,将笔触的颜色改为黑色,如图 3—121 所示,使得制作的按钮有立体感。

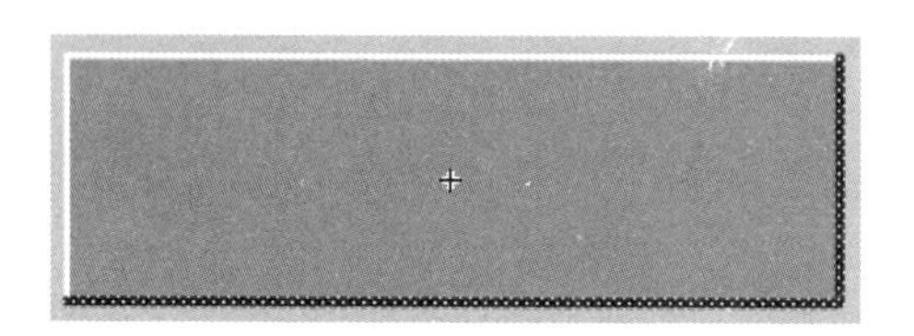

图 3—121　修改后的矩形按钮

(6)继续运用"矩形工具"绘制一个笔触为白色,填充颜色为淡灰色的矩形,并将它的两条边线修改成如图 3—122 所示,使得制作的按钮更有层次感。

(7)选中第 2 帧(指针位于上面时的状态),运用"颜料桶工具"将内部的矩形填充改为淡黄色(#FFCC00),如图 3—123 所示。

(8)选中第 3 帧(按下),运用"颜料桶工具"将内部的矩形填充改为淡蓝色。

(9)新建一个图层 2,单击第 1 帧,在内侧的矩形区域内输入"播放",这样一个会变颜色的"播放"按钮就制作完成了,如图 3—124 所示。

图 3—122　进一步修改的矩形按钮

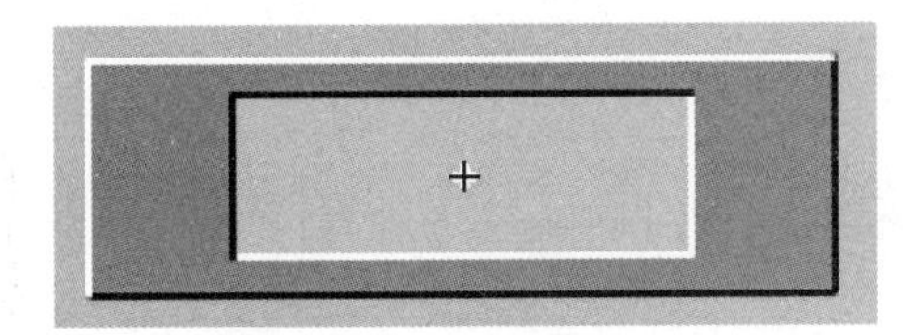

图 3—123　淡黄色矩形填充

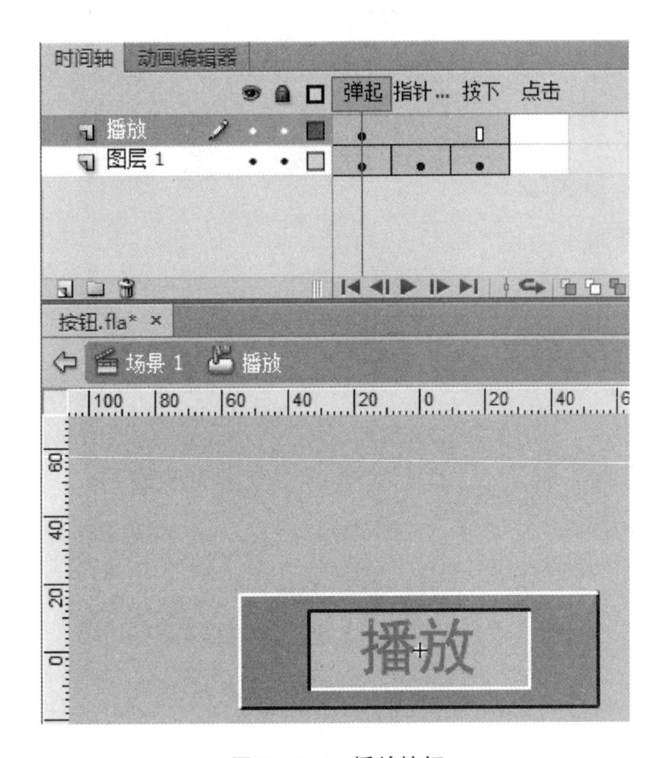

图 3—124　播放按钮

(10)在使用按钮时，先将按钮从元件库中拖到舞台中，然后在按钮上编写动作脚本。

3.7.3　按钮控制动画

这一节，我们将通过一组按钮的控制代码，实现动画的播放过程。

1. 创作要求

在第 3.5 节中的“画轴的展开”动画中，增加一组控制按钮，要求如下：

（1）动画开始前，画轴卷起；

（2）点按“播放”按钮，开始播放动画，慢慢地展开画轴；

（3）点按“停止”按钮，停止播放动画；

（4）点按“全屏”按钮，动画的浏览窗口设为全屏；

（5）点按“退出”按钮，关闭动画的浏览窗口。

按钮分布如图 3－125 所示。

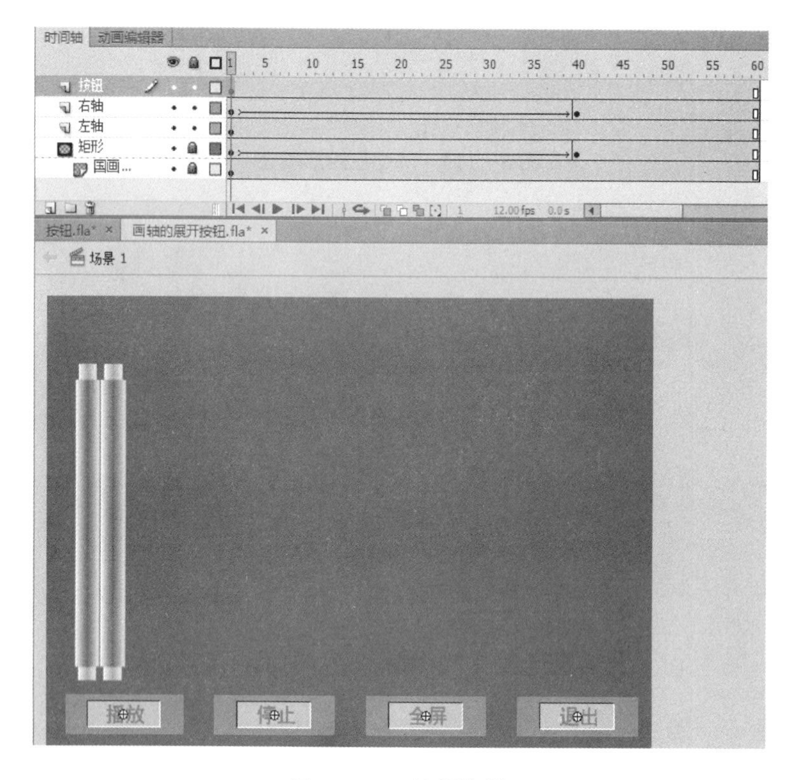

图 3－125　按钮控制

2. 创作过程

（1）启动 Flash CS6，打开原先设计与制作的“画轴的展开 . fla”文件，将文档另存为“画轴的展开按钮 . fla”。

（2）根据上一节所学的内容，创建好“播放”“停止”“全屏”“退出”按钮，如图 3－126 所示。

（3）回到场景 1，插入一个图层，将其命名为“按钮”，单击“按钮”图层的第 1 帧，将元件库中的“播放”“停止”“全屏”“退出”按钮分别拖到舞台上，形成实例，并进行对齐操作，如图 3－125 所示。

（4）选中舞台上“播放”按钮实例，将其命名为“playbutton”，如图 3－127 所示。

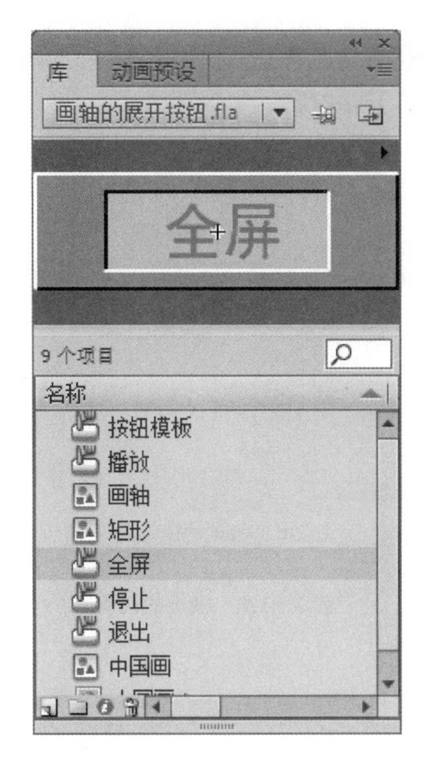

图 3－126　按钮元件

图 3－127　播放按钮实例名

(5)同理,分别选中舞台上各按钮实例,分别将它们命名为“stopbutton”“maxbutton”“quitbutton”。

(6)右键单击“按钮”图层的第 1 帧,执行“动作”,打开动作对话框,在帧上进行编程,输入语句“stop();”,使得动画一开始便停止播放,如图 3－128 所示。

(7)选中舞台上“播放”按钮,单击右键,执行“动作”,打开动作对话框,在该按钮上进行编程,输入语句“on (release){play();}”,如图 3－129 所示。

(8)选中舞台上“停止”按钮,单击右键,执行“动作”,打开动作对话框,在该按钮上进行编程,输入语句“on (release){stop();}”。

(9)选中舞台上“全屏”按钮,单击右键,执行“动作”,打开动作对话框,在该按钮上进行编程,输入语句“on (release){fscommand("fullscreen",true);}”。

(10)选中舞台上“退出”按钮,单击右键,执行“动作”,打开动作对话框,在该按钮上进行编

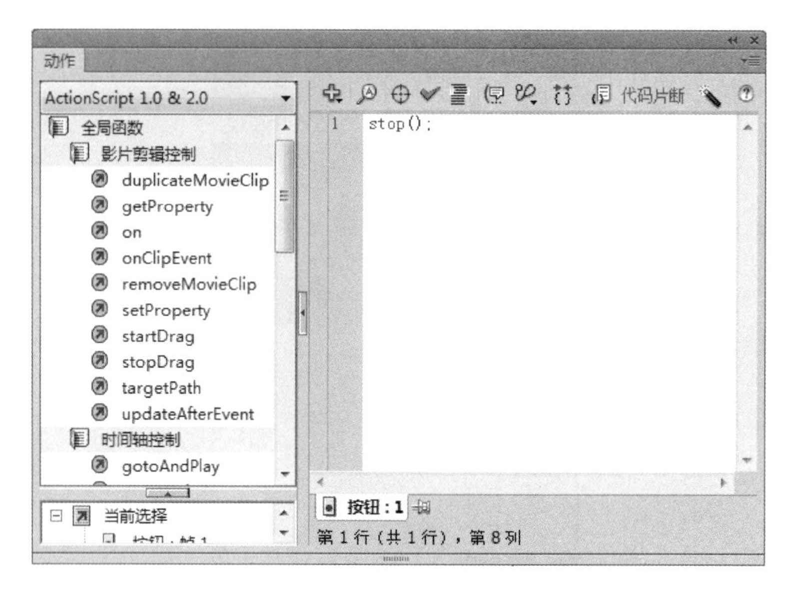

图 3－128　帧上的代码

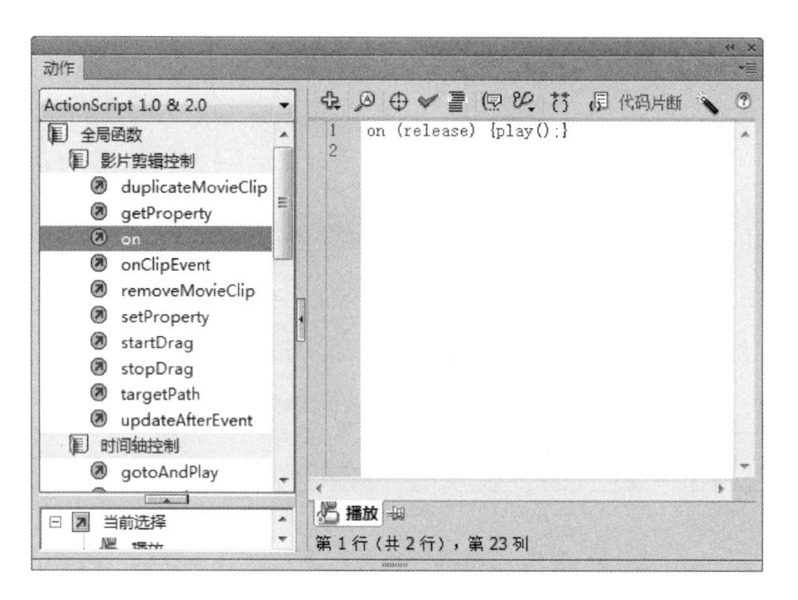

图 3－129　播放按钮上的代码

程，输入语句“on (release){fscommand("fullscreen",true);}”。

(11)执行“控制”→“测试影片”命令，观看动画效果。“播放”“停止”两个按钮有效地控制动画的播放和停止，但是“全屏”“退出”两个按钮无效。这是因为“全屏”“退出”两个按钮是对“浏览器/网络”进行操作，而不是对测试的场景进行控制。

(12)按“Ctrl＋S”组合键保存文件，再测试一次，生成“画轴的展开按钮．swf”文件。

(13)关闭 Flash CS6 应用程序，运行“画轴的展开按钮．swf”文件，动画达到效果。

3.8　应用案例

3.8.1　案例 1——密码设置

1. 创作要求

设计一个限次身份认证的系统登录界面。要求：动画播放时，首先跳出一个系统登录窗口，假设密码为“123456”。提示用户一共有 3 次机会，如果输入密码正确，进入欢迎界面；如果输入密码不正确，则可以继续输入密码，并提示剩余的次数，当第 3 次输入密码错误时，出现警告提示框“对不起，你已经输错 3 次了，你是非法用户！”，然后退出浏览器。系统登录界面如图 3－130 所示。

图 3－130　系统登录界面

2. 创作过程

（1）启动 Flash CS6，选择 ActionScript 2.0，单击“确定”按钮，如图 3－131 所示。按“Ctrl＋S”组合键将文件保存为“密码设置 . fla”。

（2）新建图层“登录界面”，运用文本工具在舞台正上方输入“系统登录”。文本的属性设置如图 3－132 所示（注意属性面板上的三个地方：静态文本、可读性消除锯齿、单行）。

（3）同理，运用文本工具三次，设置“用户名：”“Flashname”“登录密码：”“你有 3 次机会，还剩”“次！”五个静态文本。字符大小设为“30.0”点。

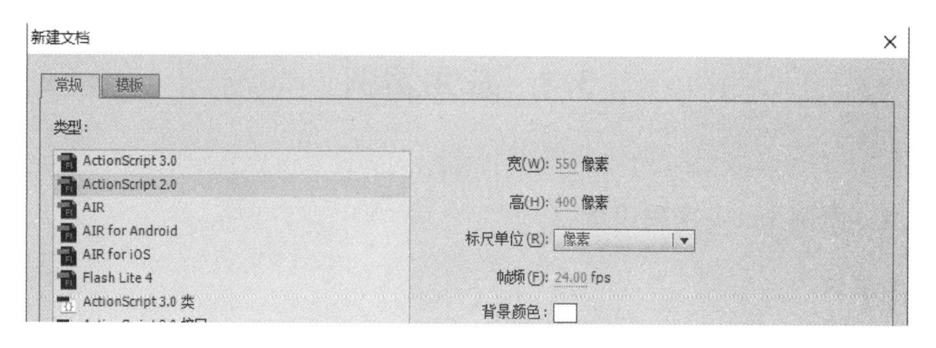

图 3－131　新建文档窗口

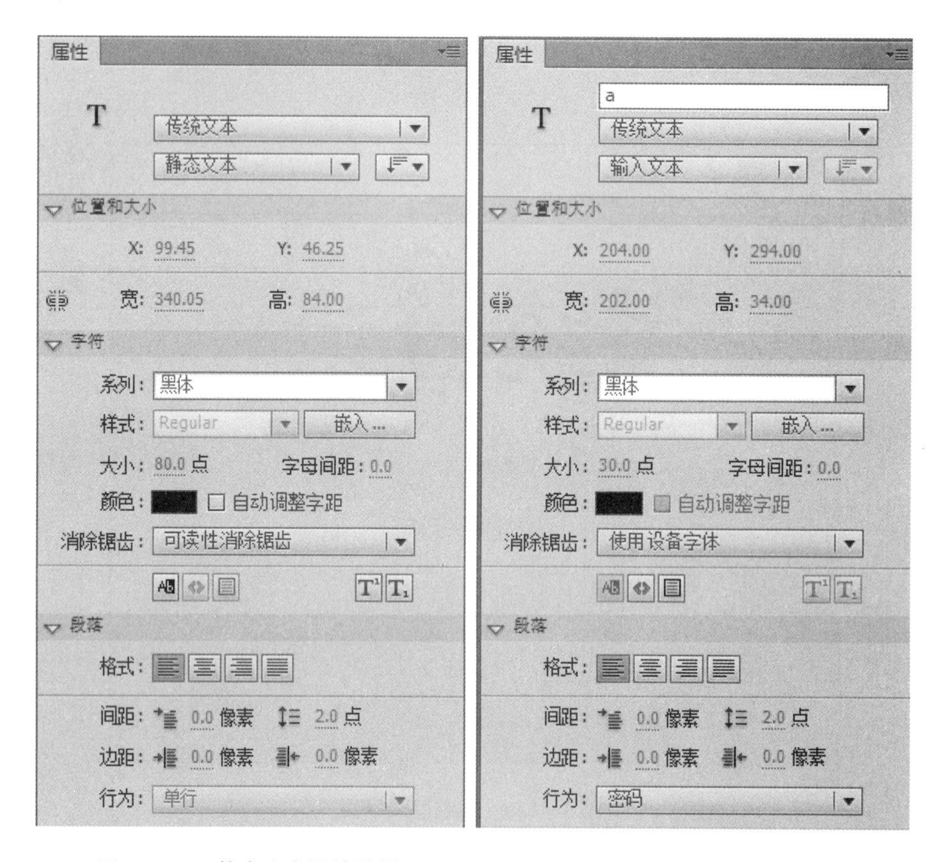

图 3－132　静态文本属性设置　　　　图 3－133　输入文本属性设置

(4)在刚才设置的“登录密码:”文本右侧,再次运用文本工具拉出一个矩形框。文本的属性设置如图 3－133 所示(注意属性面板上的四个地方:命名文本的名字为“a”,输入文本、使用设备字体、密码)。

(5)在“次”文本的前方,设置一个动态文本,并命名为“s”,文本的属性设置如图 3－134 所示。

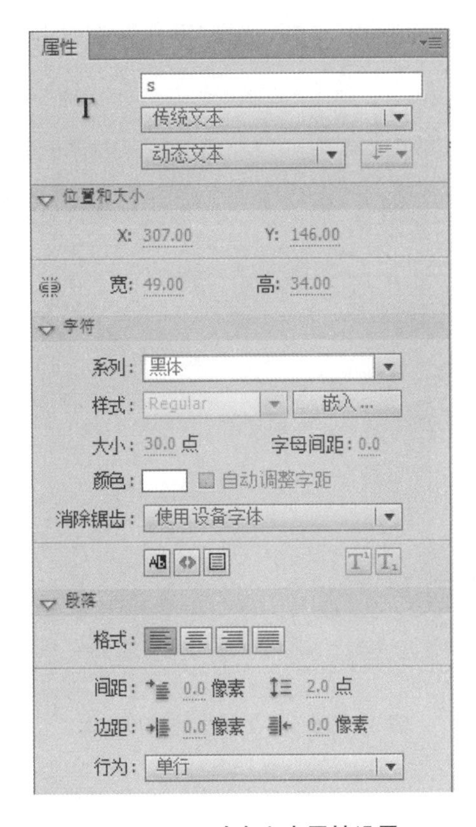

图 3－134　动态文本属性设置

(6)由于输入文本在动画播放时外框不能显示，因此，为了便于识别，可以在其外部绘制一个没有填充色的矩形外框；然后，从公用库里拉出一个按钮，调整到舞台的合适位置，系统登录界面设计如图 3－135 所示。

图 3－135　登录界面

(7)右键单击图层“登录界面”的第 1 帧，选择“动作”，在打开的“动作—帧”面板上输入脚本动作，如图 3－136 所示。

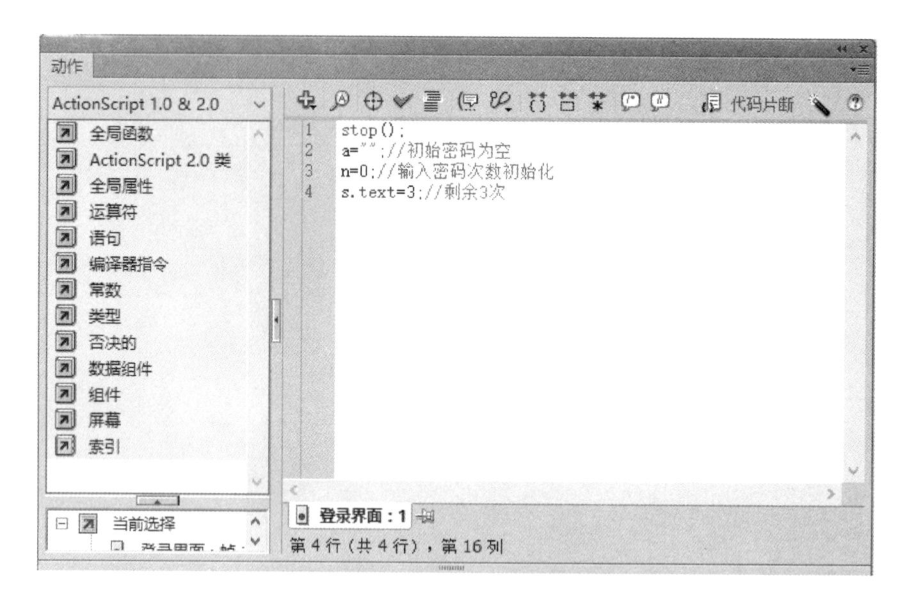

图 3－136　第 1 帧上的动作脚本

(8)右键单击舞台上的“Enter”按钮，选择“动作”，在打开的“动作—按钮”面板上输入脚本动作，如图 3－137 所示。

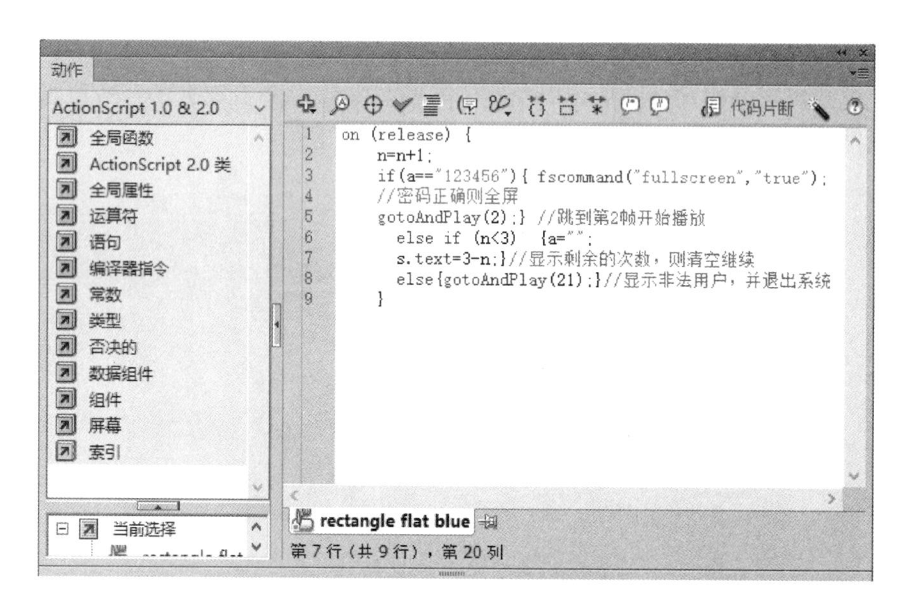

图 3－137　按钮上的动作脚本

(9)新建图层，将其命名为“动画内容”，在第 2 帧到第 20 帧之间，任意设计一个动画，如图 3－138 所示。右键单击图层“动画内容”的第 20 帧，选择“动作”，在打开的“动作—帧”面板上输入脚本动作"stop();"。

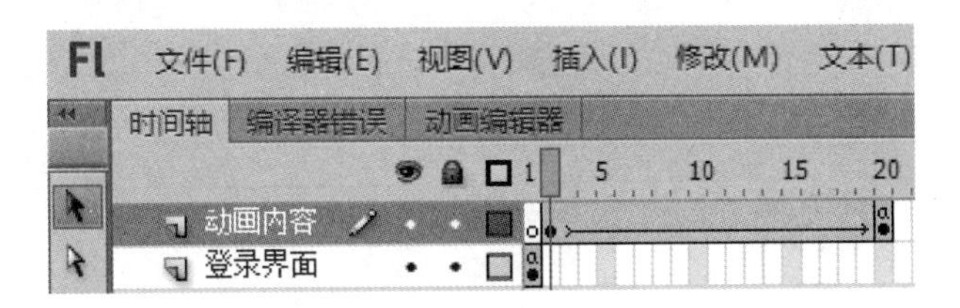

图 3—138 时间轴情况 1

(10)新建图层,将其命名为"3 次机会",在该图层的第 21 帧处按下 F6 键插入一个关键帧,并设计一个静态文本,如图 3—139 所示。

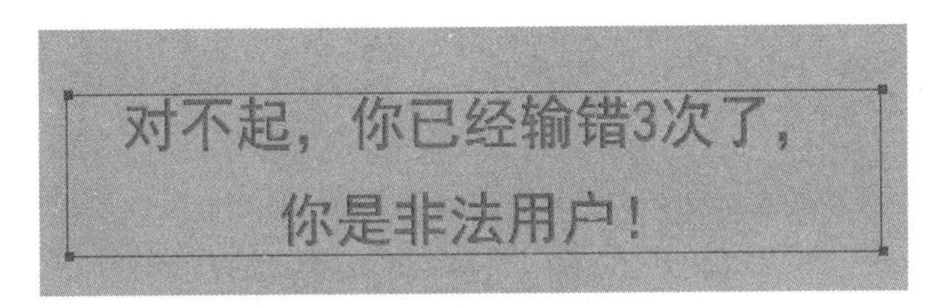

图 3—139 警告界面

(11)继续选中"3 次机会"图层,在第 30 帧处按下 F6 键插入一个关键帧,右键单击该关键帧,选择"动作",在打开的"动作—帧"面板上输入脚本动作,如图 3—140 所示。图层的界面情况如图 3—141 所示。

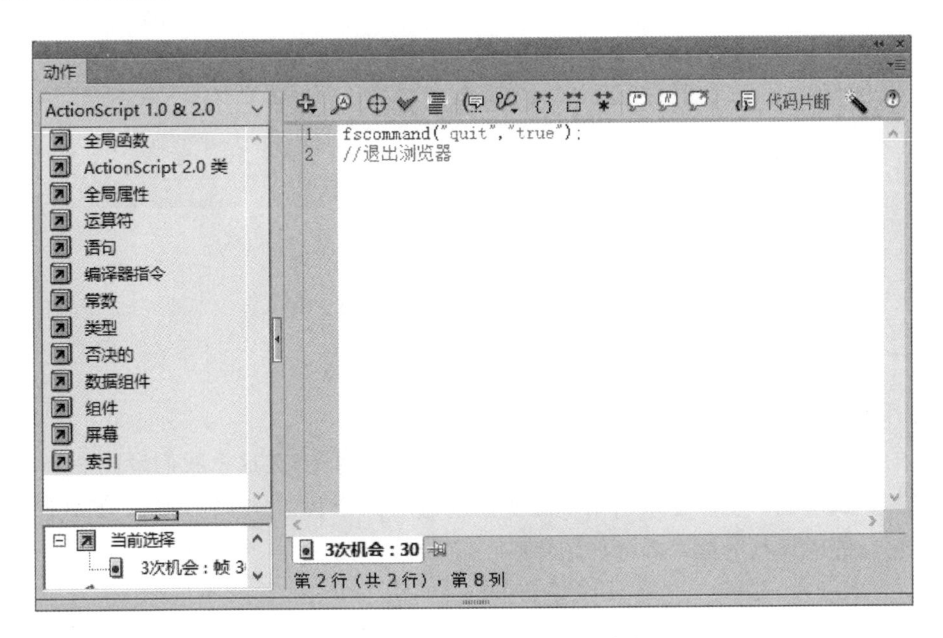

图 3—140 第 30 帧上的动作脚本

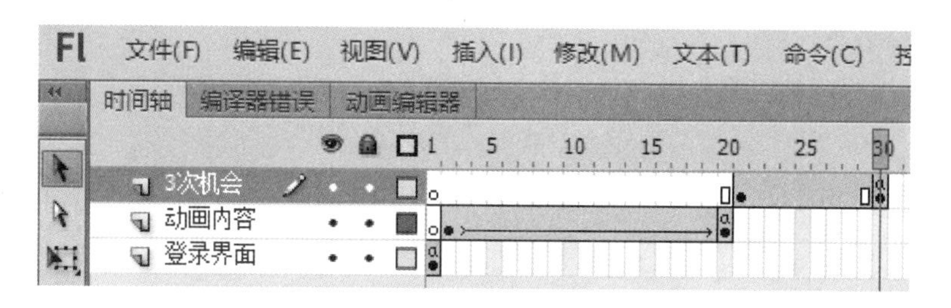

图 3—141　时间轴情况 2

(12)单击“控制”→“测试影片”观看动画效果，当输入密码第 1 次错误时，屏幕显示情况如图 3—142 所示。按“Ctrl+S”组合键保存文件。

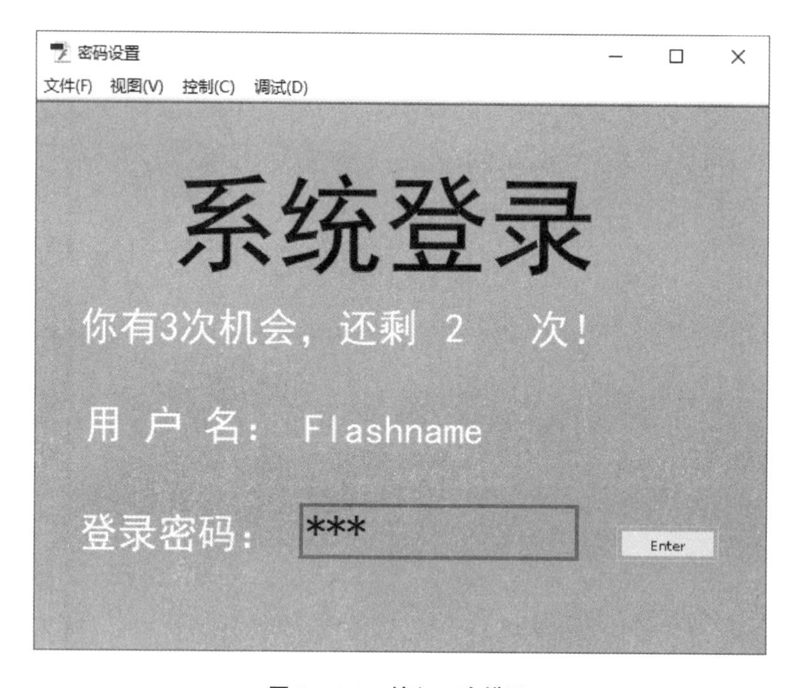

图 3—142　输入 1 次错误

3.8.2　案例 2——减法运算

1. 创作要求

在 Flash 教材中，往往以加法运算的案例讲解居多，因此，在这里我们设计一个具有减法运算功能的测试动画。动画要求由系统随机出题进行两个数(100 以内整数)的减法运算，用户输入答案后能够评判分数。界面如图 3—143 所示。

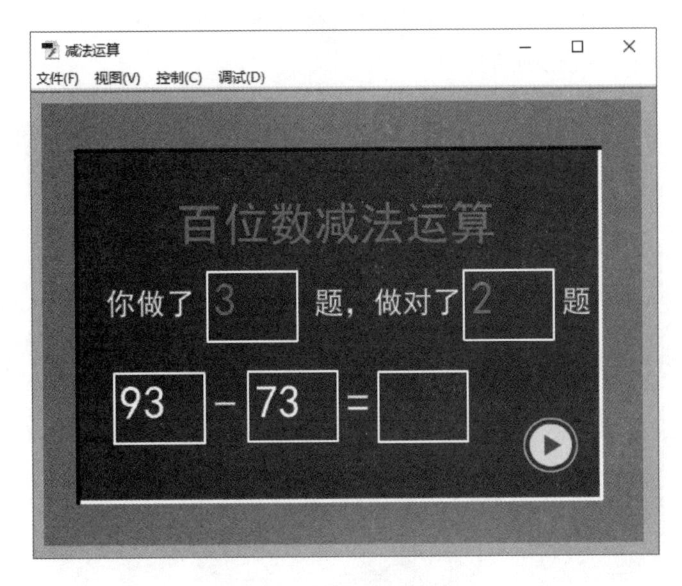

图 3－143　减法运算

2. 创作过程

(1)启动 Flash CS6,选择 ActionScript 2.0,场景大小设置为默认值,即 550×400 像素,背景设置为淡蓝色,单击确定。将文件保存为“减法运算 . fla”。

(2)新建图形元件“黑板”,如图 3－144 所示。

图 3－144　黑板元件

(3)回到场景1,选择图层1,将其命名为“黑板”,将元件库中的图形元件“黑板”拖到舞台上形成一个实例,如图3—145所示。

图3—145 黑板实例

(4)新建图层2,将其命名为“界面”,设计好静态文本、矩形框,如图3—146所示。

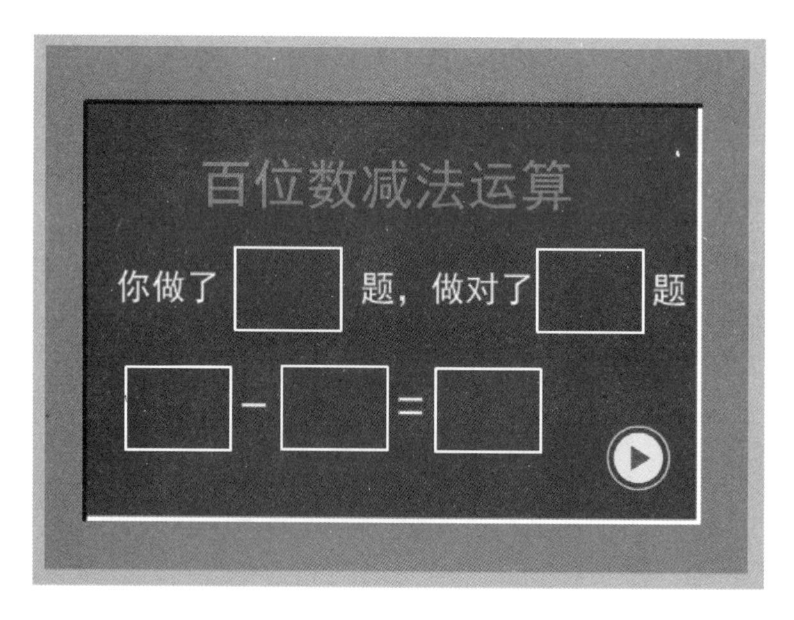

图3—146 减法运算界面1

(5)新建图层3,将其命名为“动态文本”,在“你做了▭题”的矩形框内拖放一个文本框,将其属性设置成“动态文本”,变量取名为“zts”,如图3—147所示。

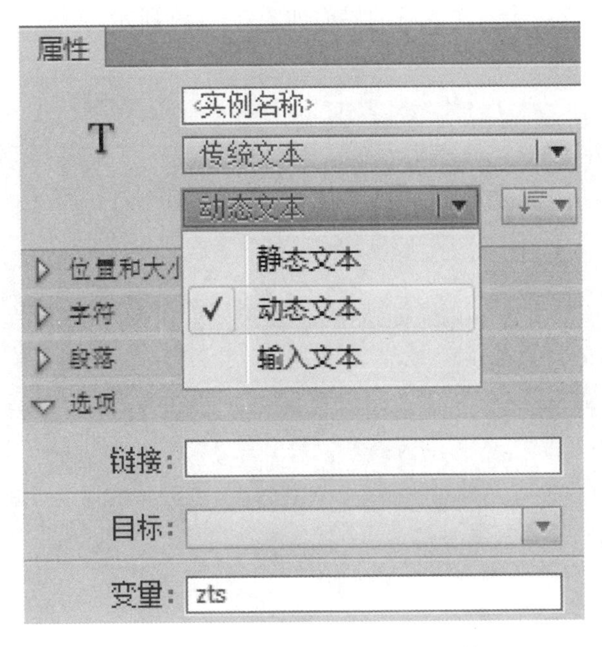

图 3－147　“总题数”动态文本属性

(6)在“做对了▭题”的矩形框内拖放一个文本，将其属性设置成“动态文本”，变量取名为“dts”。

(7)继续拖放 1 个文本，放置在最下面左一矩形框(减数)内，将其属性设置成“动态文本”，变量取名为“a”。

(8)继续拖放 1 个文本，放置在最下面左二矩形框(被减数)内，将其属性设置成“动态文本”，变量取名为“b”。

(9)继续拖放 1 个文本，放置在最下面右一矩形框(差)内，将其属性设置成“输入文本”，变量取名为“c”，如图 3－148 所示。

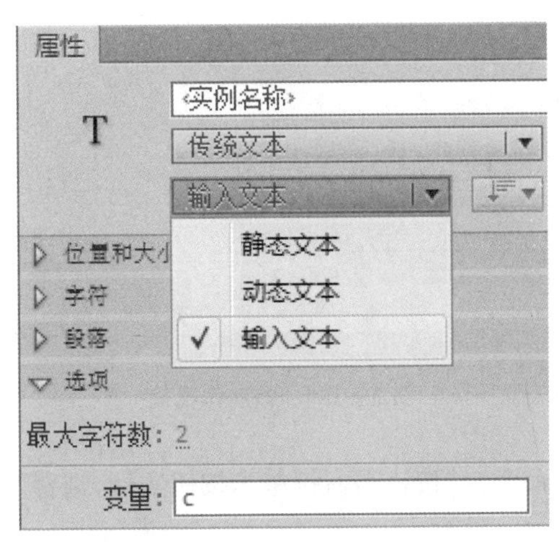

图 3－148　“差”输入文本属性

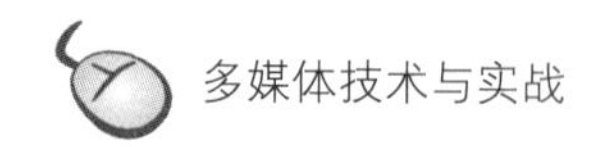

(10)设计好动态文本、输入文本后的界面如图 3－149 所示。

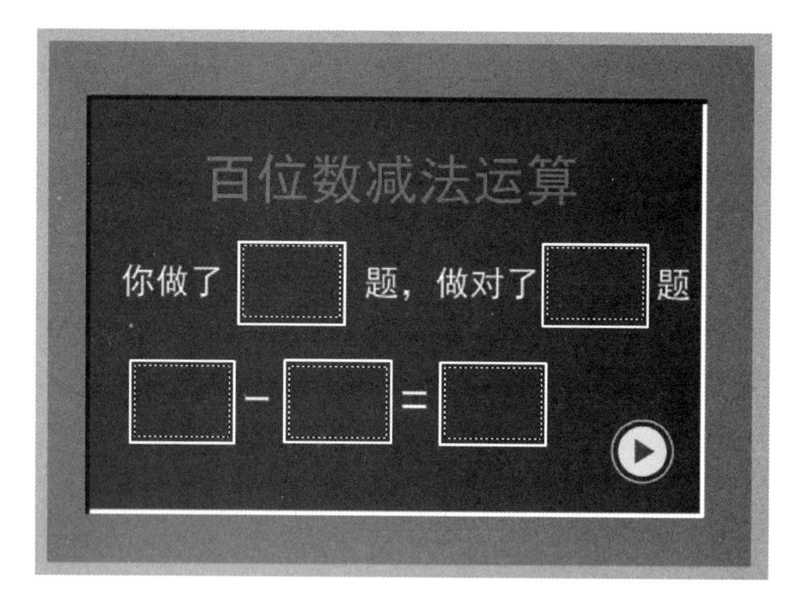

图 3－149　减法运算界面 2

(11)右键单击界面图层的第 1 帧，选择“动作”调出动作面板，代码如图 3－150 所示。

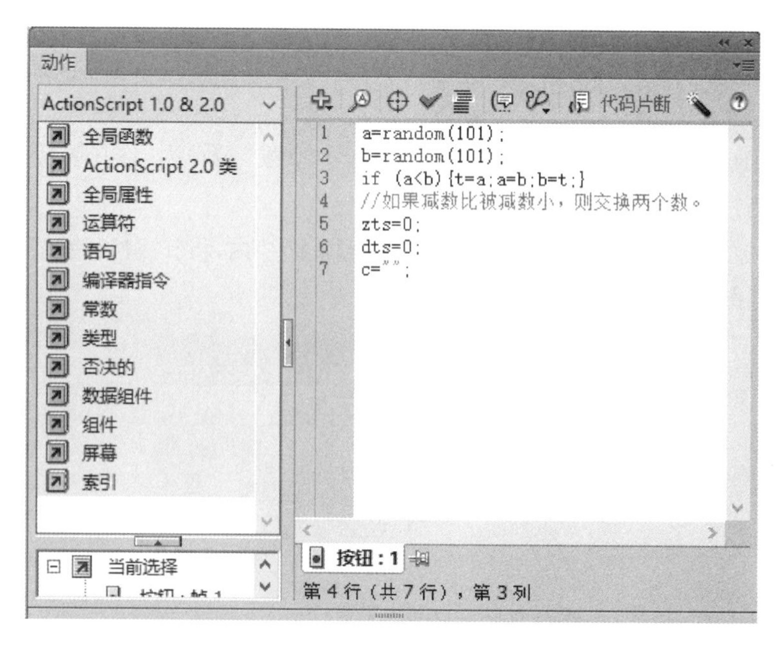

图 3－150　帧动作代码

(12)新建图层 4，将其命名为“按钮”，右键单击按钮实例，选择“动作”调出动作面板，代码如图 3－151 所示。

(13)按“Ctrl＋S”组合键，保存文件；单击“控制”→“测试影片”观看动画效果。

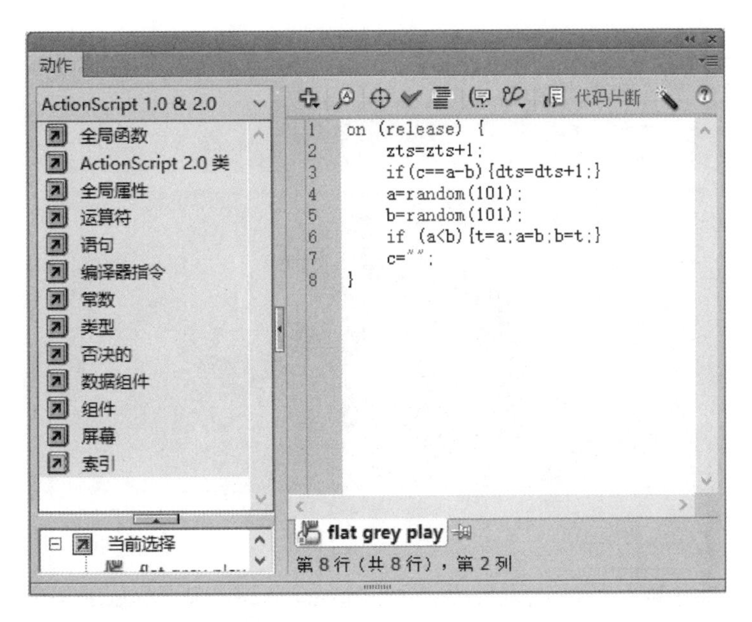

图 3－151　按钮上的动作代码

3.8.3　案例 3——义勇军进行曲

1. 创作要求

制作一个简单的课件“义勇军进行曲”。要求用按钮的形式控制播放，动画中一共有四个按钮：按“升旗”按钮则播放奏国歌、升国旗的动画，如图 3－152 所示；按“视频”按钮则播放升旗的视频，如图 3－153 所示；按“歌词”按钮则出现歌词从下往上滚屏的动画，如图 3－154 所示；按“退出”则退出播放器。

图 3－152　升旗动画

图 3－153　升旗视频

图 3－154　义勇军进行曲歌词滚屏中

2. 创作过程

(1)启动 Flash CS6，选择 ActionScript 2.0，场景大小设置为默认值，即 720×540 像素，背景设置为淡蓝色，单击“确定”。按“Ctrl＋S”组合键，将文件保存为“义勇军进行曲 . fla”。

(2)按下“Ctrl+F8”组合键,创建一个新元件,选取“按钮”,并命名为“按钮”,如图 3—155 所示。

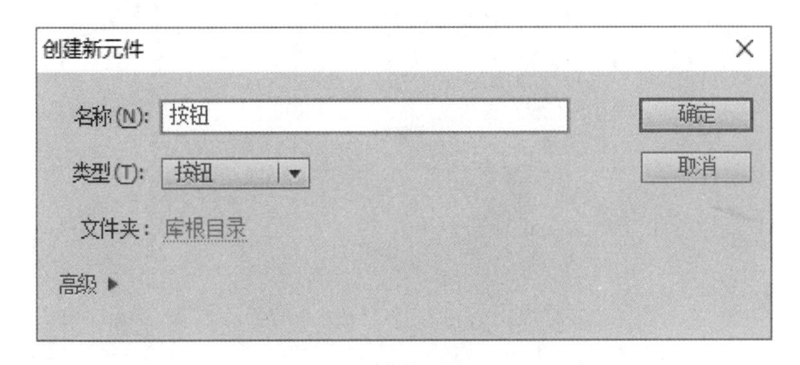

图 3—155　创建新元件对话框

(3)在按钮的元件编辑区内,制作完成一个按钮元件,如图 3—156 所示。

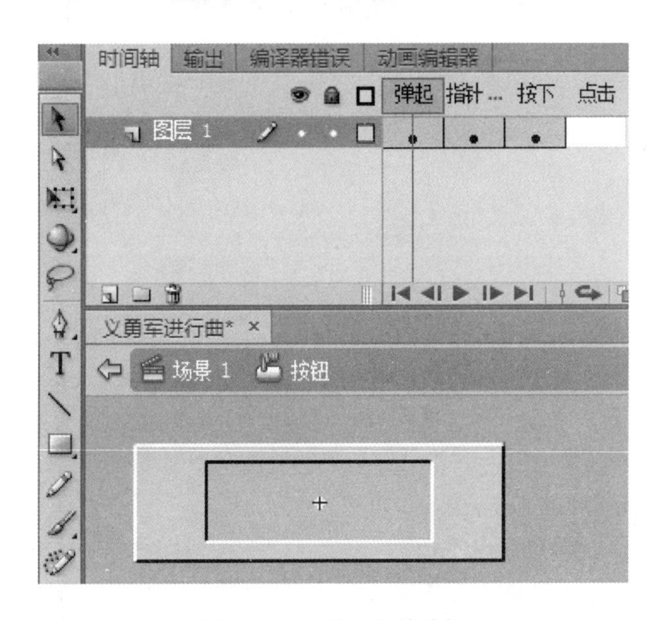

图 3—156　绘制好的按钮

(4)按下“Ctrl+F8”组合键,创建一个新元件,选取“图形”,并命名为“旗杆和底座”,如图 3—157 所示。

(5)按下“Ctrl+F8”组合键,创建一个新元件,选取“图形”,并命名为“五角星”,进入“五角星”元件编辑区,鼠标单击多边形工具栏,如图 3—158 所示。然后在右边的属性栏中单击最下方的“选项”按钮,在弹出的工具设置中进行设置,如图 3—159 所示。

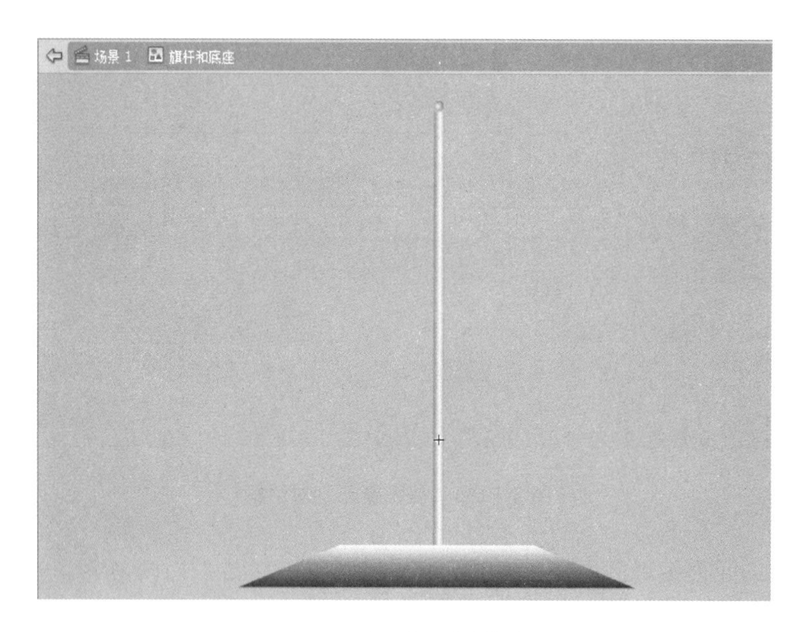

图 3－157　旗杆和底座

图 3－158　多角星形工具

图 3－159　五角星设置

(6)在编辑区内，绘制一个五角星，如图 3－160 所示。

(7)按下“Ctrl＋F8”组合键，创建一个新元件，选取“图形”，并命名为“五星红旗”，进入“五星红旗”元件编辑区，绘制一面红旗，然后将“五角星”元件拖入红旗上产生五个实例，并进行缩放和旋转，绘制好五星红旗，如图 3－161 所示。

图 3－160　五角星元件

图 3－161　五角红旗元件

(8)从中华人民共和国中央人民政府网站(http://www.gov.cn/guoqing/guoge/)下载国歌的音频和视频。网站如图 3－162 所示。

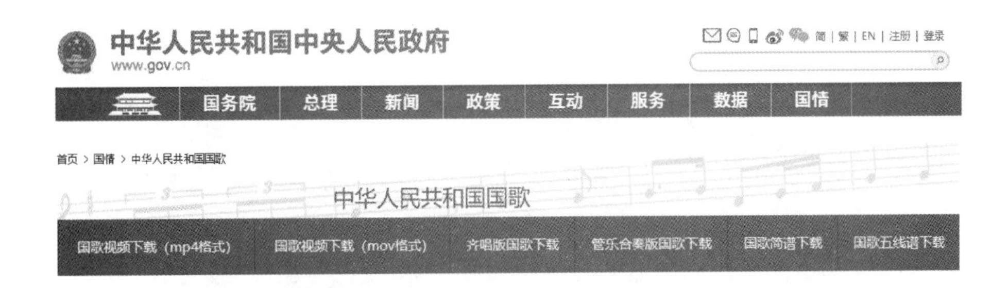

图 3－162　中华人民共和国中央人民政府网站

(9)按下“Ctrl＋F8”组合键，创建一个新元件，选取“影片剪辑”，并命名为“升国旗”，进入“升国旗”元件编辑区，制作一个升国旗的动画，一共 3 个图层，最下面一个图层为国旗，将红旗制作成从下往上升起的补间动画；中间一个图层为旗杆和底座；最上面一个图层为国歌的音频；共用了 560 帧，如图 3－163 所示。

(10)按下“Ctrl＋F8”组合键，创建一个新元件，选取“影片剪辑”，并命名为“歌词序幕”，进入“歌词序幕”元件编辑区，制作一个歌词从下往上滚屏的动画，一共 2 个图层，上面的图层为矩形方块，下面的图层为歌词向上滚动，如图 3－164 所示。然后右键单击上面的图层，选择“遮罩层”，产生遮罩，形成淡入淡出的滚屏效果。

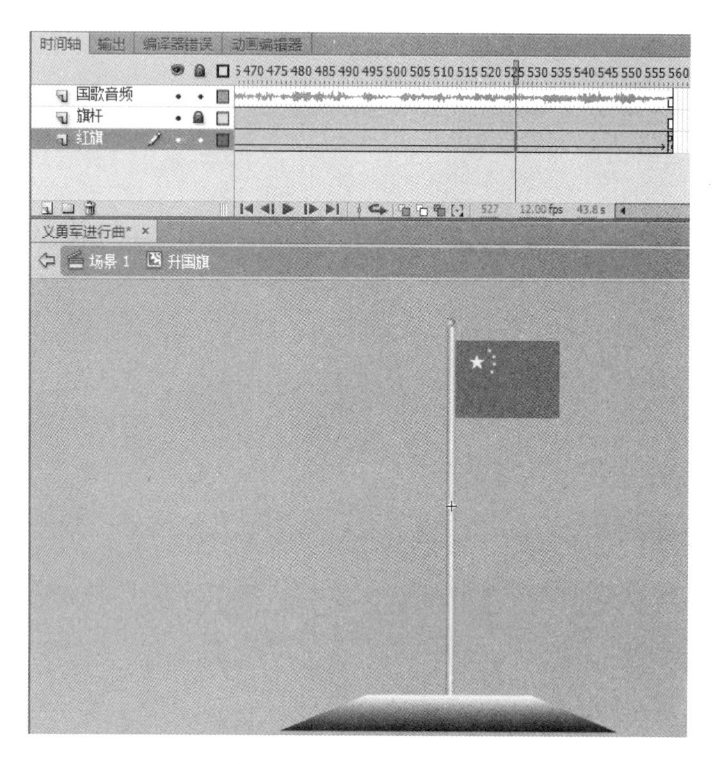

图 3—163　升国旗动画

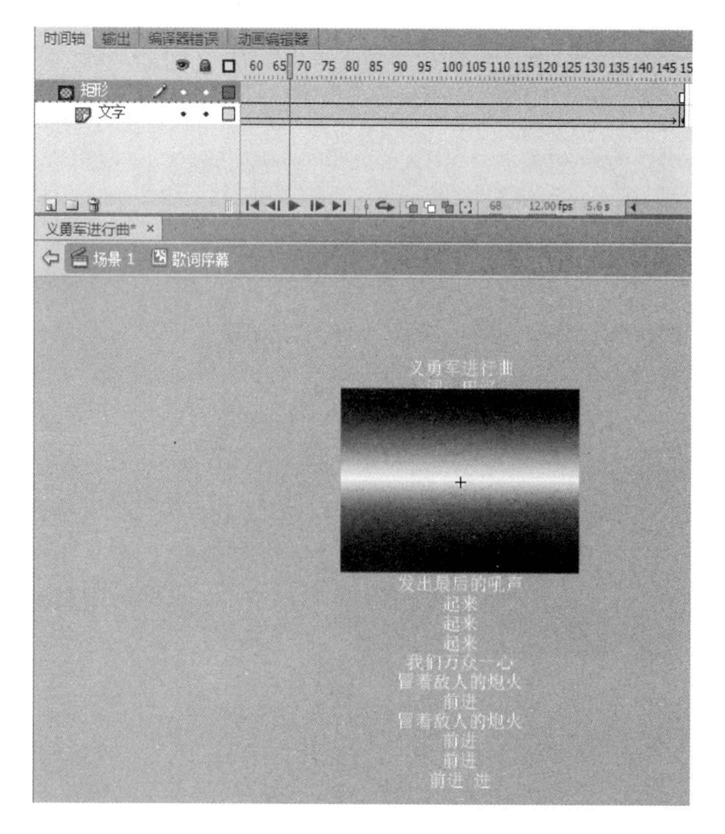

图 3—164　歌词序幕

(11)回到场景中,将图层命名为“背景”,从网上下载一幅北京天安门的图像,将该图像导入到场景中,设置透明度为 30%,在图的上方绘制一个矩形框,在屏幕的顶部输入文字“中华人民共和国国歌——义勇军进行曲”,如图 3－165 所示。

图 3－165　背景

(12)在“背景”图层的上方插入一个新的图层,将其命名为“按钮”,从元件库中拖入按钮,产生 4 个实例,并将它们分布在屏幕底部,如图 3－166 所示。

图 3－166　加入按钮

(13)在“按钮”图层的上方插入一个新的图层,将其命名为“按钮的字”,分别在每个按钮上输入文字,如图 3—167 所示。

图 3—167　按钮上的文字

(14)在“按钮的字”图层的上方插入一个新的图层,将其命名为“升旗”,鼠标单击该图层的第 5 帧,按下 F6 键插入一个关键帧;选中第 5 帧,将元件库中的“升国旗”影片元件拖到场景的矩形框中,调整好大小,如图 3—168 所示。

图 3—168　添加升国旗影片剪辑

（15）在“升旗”图层的上方插入一个新的图层，将其命名为“视频”，鼠标单击该图层的第 10 帧，按下 F6 键插入一个关键帧，选中第 10 帧，将元件库中的“升国旗视频”拖到场景的播放框中，调整好大小，如图 3－169 所示。

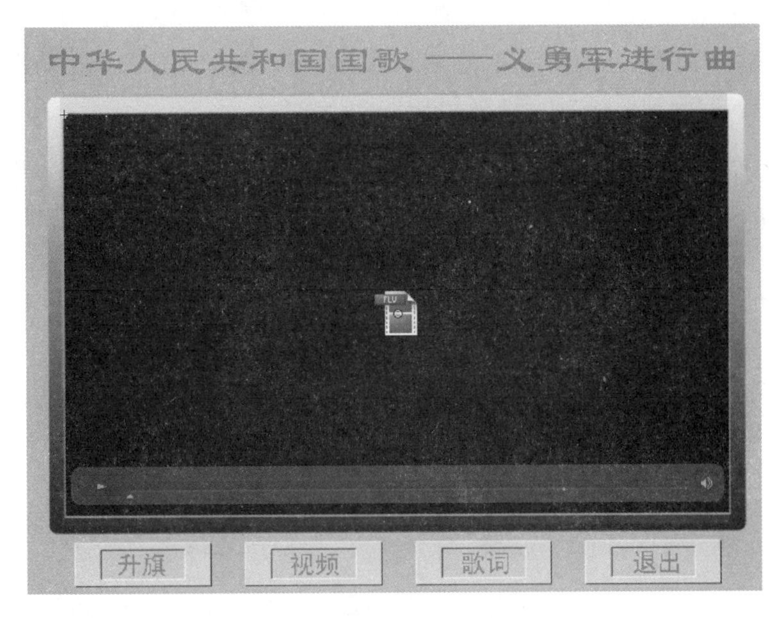

图 3－169　添加升国旗视频

（16）在“视频”图层的上方插入一个新的图层，将其命名为“歌词”，鼠标单击该图层的第 15 帧，按下 F6 键插入一个关键帧，选中第 15 帧，将元件库中的“歌词序幕”影片元件拖到场景的矩形框中，调整好大小。

（17）选中“按钮”图层，在图层的第 1 帧上单击右键，选择“动作”，调出动作脚本编辑器，输入如图 3－170 所示的代码。

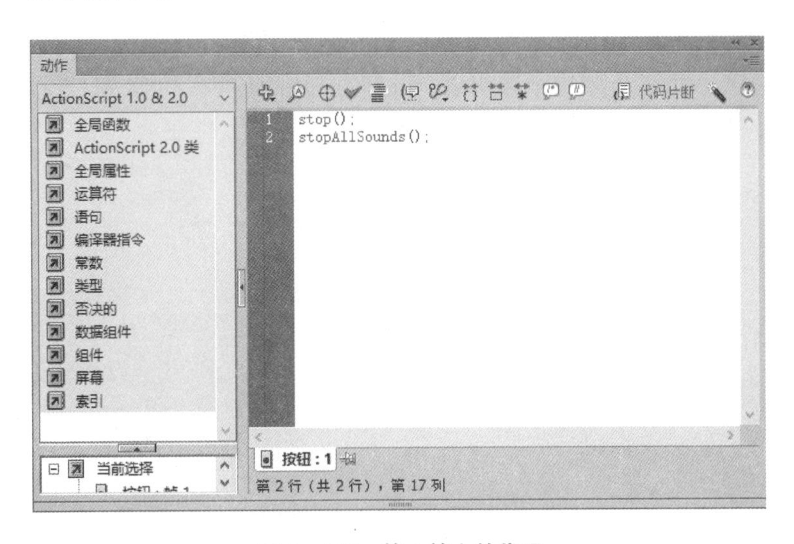

图 3－170　第 1 帧上的代码

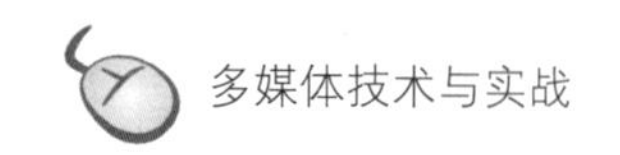

(18)选中“升旗”图层,在图层的第 5 帧上单击右键,选择“动作”,调出动作脚本编辑器,输入同样的代码。

(19)选中“视频”图层,在图层的第 10 帧上单击右键,选择“动作”,调出动作脚本编辑器,输入同样的代码。

(20)选中“歌词”图层,在图层的第 15 帧上单击右键,选择“动作”,调出动作脚本编辑器,输入同样的代码。时间轴如图 3－171 所示。

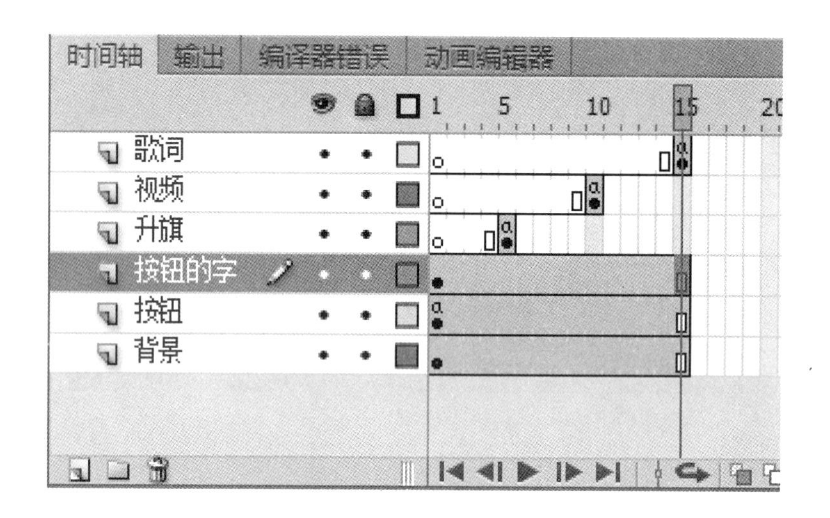

图 3－171　时间轴

(21)选择“按钮的字”图层,在第 5 帧、第 10 帧、第 15 帧处分别按下 F6 键,插入三个关键帧;在第 5 帧处,将按钮上的字“升旗”的颜色改为蓝色,在第 10 帧处,将按钮上的字“视频”的颜色改为蓝色,在第 15 帧处,将按钮上的字“歌词”的颜色改为蓝色。这样当按下一个按钮时,该按钮上字的颜色为蓝色,以便区分其他按钮,清楚当前动画的状态,如图 3－172 所示。

(22)按“Ctrl＋S”组合键保存文件,测试影片。

注意:由于国歌一遍播放完毕需要 46 秒钟,而本动画的帧频为 12 帧/秒,因此,升国旗奏国歌的影片剪辑大约需要 560 帧。

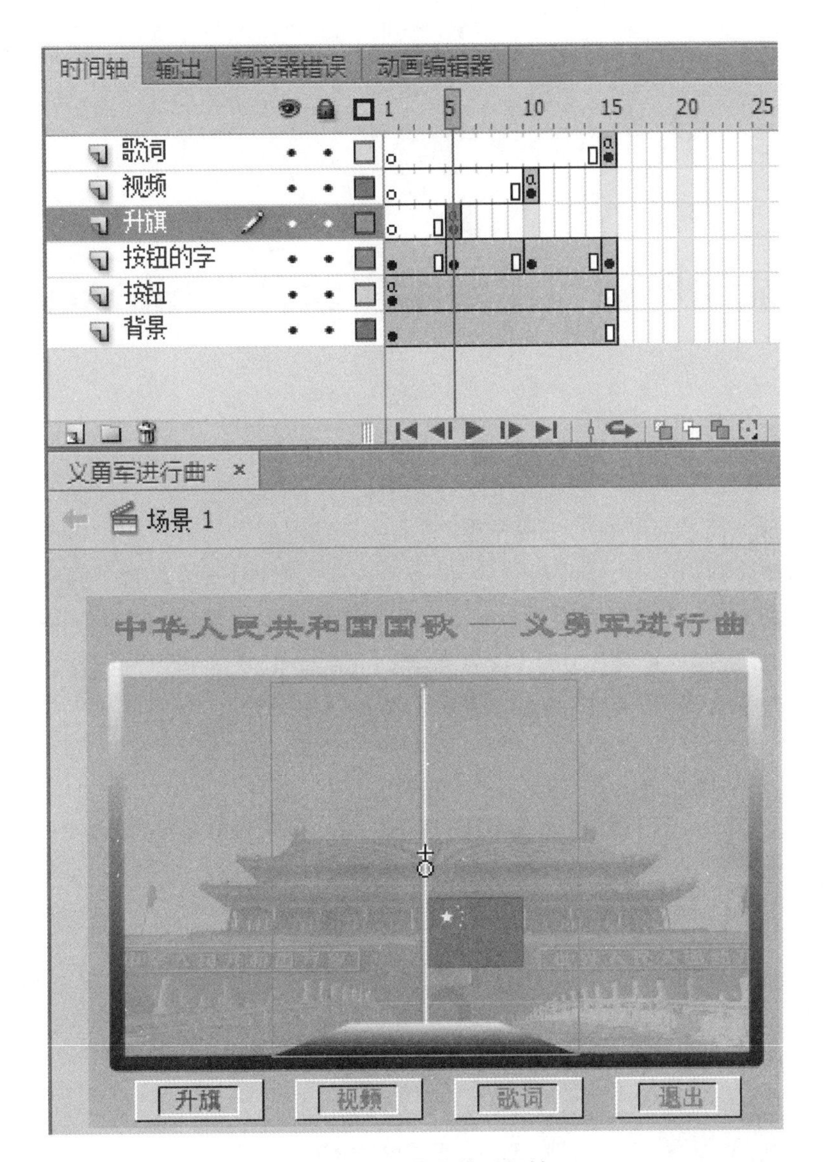

图 3－172　最终的时间轴

第4章 录制屏幕与视频编辑软件 Camtasia

近年来，微视频技术与网络的快速发展，极大地推动了教育的现代化。以 5～15 分钟的教学视频为核心，整合知识学习、作业与测验、调查等内容的微课，备受教育部门和广大师生的青睐。Camtasia 是一款适合制作微课的软件，它提供了强大的屏幕录像、视频的剪辑和编辑功能。本章内容主要讲述屏幕录像功能，首先介绍 Camtasia 的基础知识，然后以 Camtasia 2018 为平台，介绍录制屏幕、视频剪辑与编辑、发布与分享操作内容。

4.1 Camtasia 基础知识

4.1.1 安装 Camtasia

将下载好的 Camtasia 2018 进行解压缩，然后运行安装程序，单击“下一步”按钮，如图 4－1 所示。

图 4－1 Camtasia 2018 安装向导

在安装过程中，根据屏幕提示选择安装目录，不断单击“下一步”按钮，一直到出现如图 4—2 所示为止。如果想更换安装目录，可以单击“上一步”按钮重新设置。

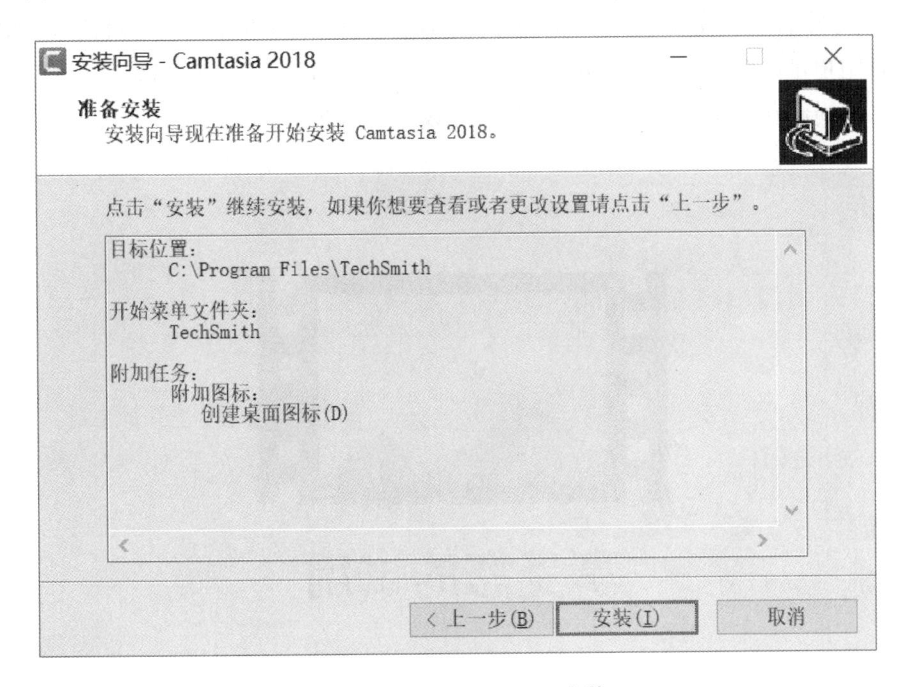

图 4—2　Camtasia 2018 安装

然后单击“安装”按钮，一直到软件安装完毕，如图 4—3 所示。

图 4—3　Camtasia 2018 安装完毕

4.1.2 注册 Camtasia

在图 4—3 中，单击“完成”按钮并运行 Camtasia 2018，屏幕将弹出一个对话框，如图 4—4 所示。此时用户可以购买或输入密钥，当然也可以选择继续试用，试用期为一个月，只不过试用期内编辑的视频在发布时会有水印。因此，建议用户购买密钥。

图 4—4 Camtasia 2018 注册

4.1.3 Camtasia 软件界面

在图 4—4 中，输入软件密钥后，进入 Camtasia 2018 的工作界面。工作界面主要包括菜单栏、编辑区、视频播放窗口（预览窗口）、时间轴等，如图 4—5 所示。

(1)菜单栏：包含可以执行的各种命令。

(2)编辑区：导入媒体文件时，可以对音视频等进行编辑。

(3)时间轴：编辑视频时，必须用到时间轴。

(4)视频播放窗口：显示已经加载到时间轴上的素材窗口，可以播放视频、音频、图片等，在该窗口中可以进行编辑尺寸、缩放、播放控制等操作。

图 4－5　Camtasia 2018 工作界面

4.2　Camtasia 录制屏幕

录制视频是 Camtasia 2018 的重要功能之一，包括录制屏幕和录制 PPT 两部分功能。Camtasia 2018 的优点是录制屏幕清晰度高，基本无杂音，操作简单、易学。

4.2.1　录制前的准备

录制视频前，要选择一个相对安静的录制环境，建议在专业的录音棚里进行。准备并安装一个摄像头、一个麦克风，以及要录制的内容。录制的内容要根据脚本进行细化：何时讲话，何时用什么素材，何时打开什么软件，何时进行操作演示等都要按照事先设计好的流程进行，以免重复录制或增加后期编辑的工作量。

4.2.2　录制窗口的设置

录制屏幕时默认窗口为全屏录制，当然也可以根据录制画面的大小自定义调整选择区域。

4.2.3　录制屏幕

当准备好脚本后，就可以进行录制屏幕，通常有两种方法。

方法一:在图 4—5 工作界面中,单击左上角红色的“录制”按钮,进入到图 4—6 录制面板的界面。例如,选择“全屏”,打开“摄像头”,打开“音频”,按下红色的“rec”按钮,开始进行录制。

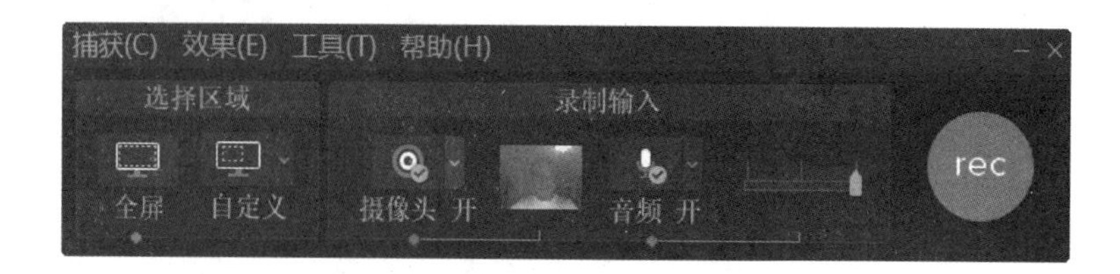

图 4—6 Camtasia 2018 录制面板

方法二:运行 Camtasia 2018,在登录界面上选择“新建录制”,如图 4—7 所示。然后进入到图 4—6 所示录制面板的界面。按下红色的“rec”按钮,开始进行录制。

图 4—7 Camtasia 2018 登录界面

此时,屏幕先弹出一个“按 F10 停止录制”的提示框,告诉用户,在录制过程中随时可以按下 F10 键停止录制屏幕。然后屏幕上出现“3、2、1”进行倒计时,到 1 时开始录制。一般情况下,录制屏幕时可以不用打开摄像头。

录制过程中,可以进行删除、暂停、停止的操作。单击“停止”按钮或按下 F10 键后,录制过程结束,系统自动生成媒体文件。在视频播放窗口中,可以播放、保存、编辑、生成、删除视频。如图 4—8 所示为录制了 34 秒(每秒钟 30 帧)的 Flash 动画教学的屏幕操作。其中轨道 1 为录制屏幕的画面,轨道 2 为录制屏幕的音频。当点按播放按钮时,会发现在开头部分(大约有 10 秒左右的内容)有一些不需要的画面和杂音,这些内容需要后期进行剪辑与编辑。

图 4—8　录制结束的界面

4.3　后期编辑与分享

4.3.1　编辑视频

剪辑或编辑视频需要用到播放头。播放头由开始标记、播放头、结束标记三个部分组成，绿色的为开始标记，蓝色的为播放头，红色的为结束标记。如图 4—9 所示，将开始标记拖到最左边，将结束标记拖到第 10 秒的地方。然后，在显示的蓝色区域单击鼠标右键，选择“波纹删除”，如图 4—10 所示。删除后的视频波纹如图 4—11 所示，同理，可以对结束部分的多余部分进行删除。

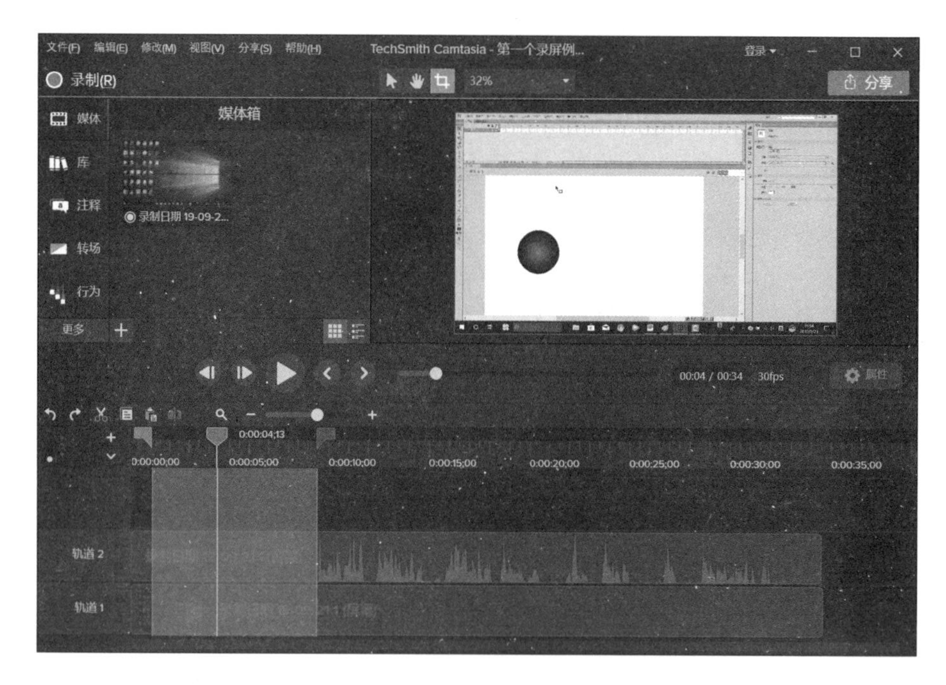

图 4—9　拖动播放头

图 4—10　剪辑视频

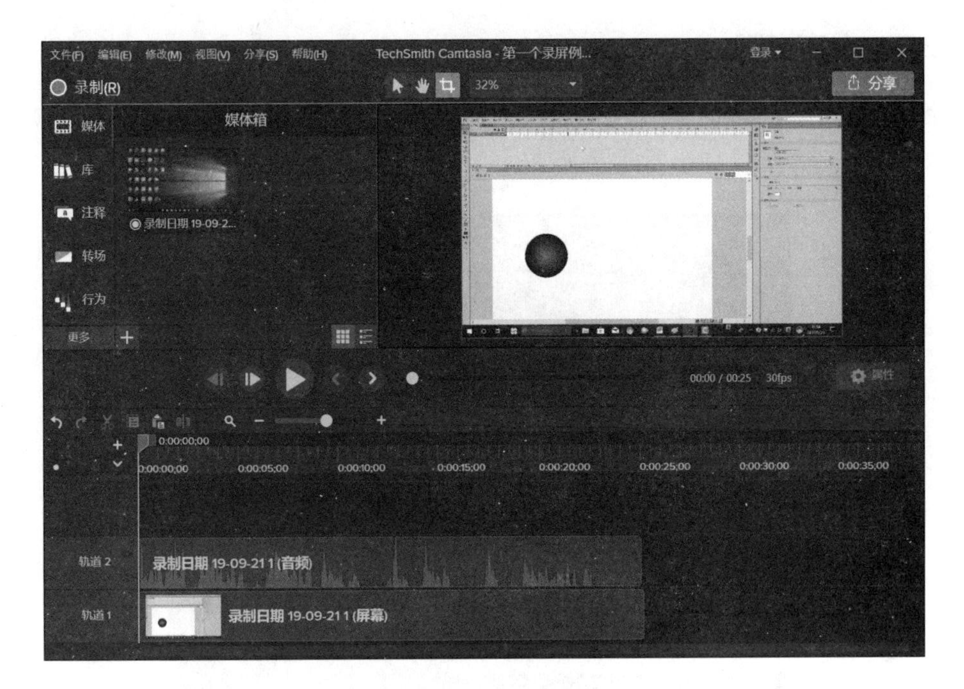

图 4—11　剪辑后的视频

4.3.2　保存视频

执行菜单"文件"→"保存"或"另存为"命令，输入文件名进行保存，如图 4—12 所示。

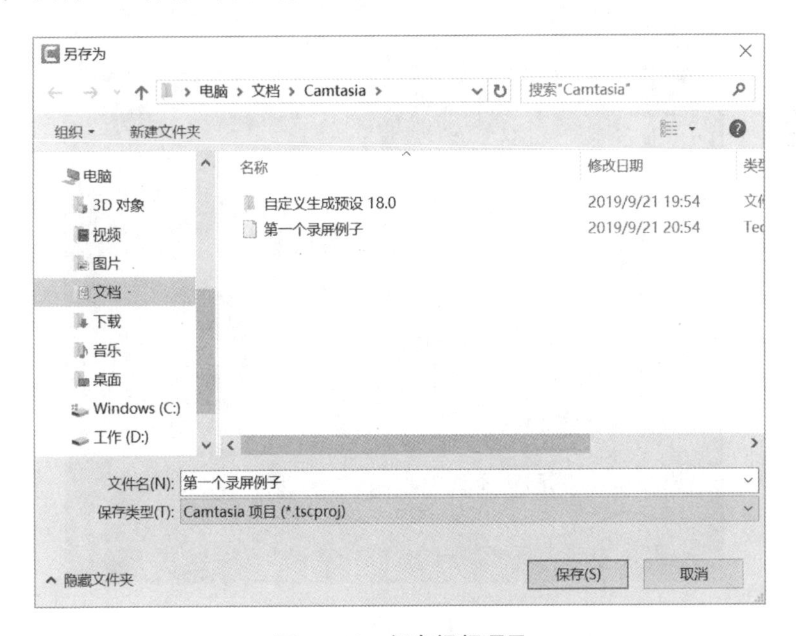

图 4—12　保存视频项目

4.3.3 分享视频

在图 4—11 所示的界面中，单击右上角的“分享”按钮，选择“自定义生成”→“新建自定义生成”，如图 4—13 所示。弹出新的界面，提示用户是否生成水印，如图 4—14 所示。

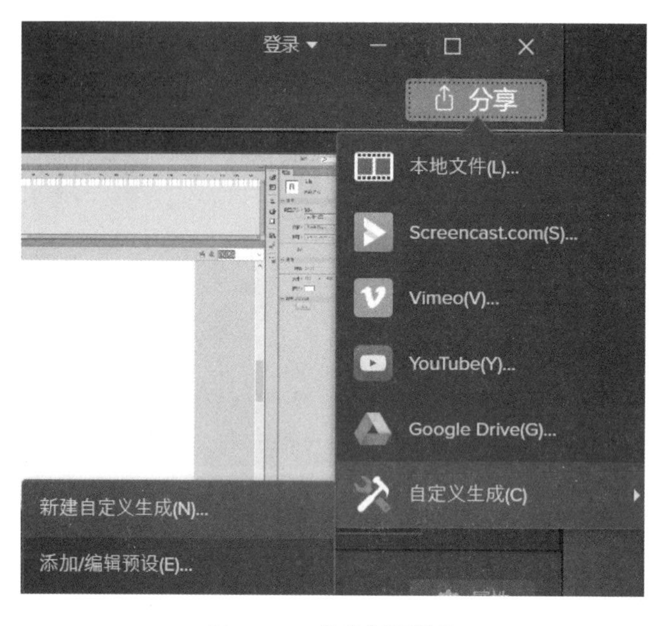

图 4—13 分享视频操作

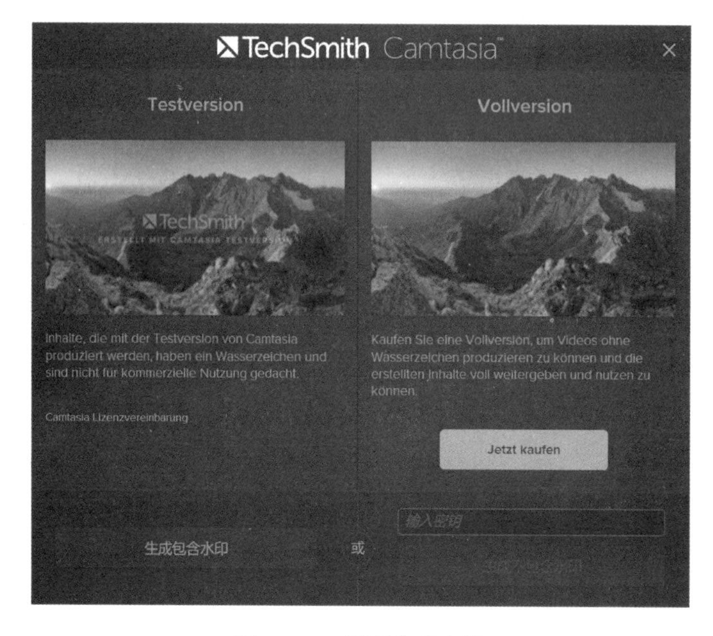

图 4—14 是否生成水印

例如，选择“生成包含水印”后，进入生成向导，提示用户如何生成视频？建议使用系统推荐的 MP4 效果比较好，即直接单击“下一步”按钮，如图 4－15 所示。然后根据系统提示进行设置，并一直按“下一步”按钮，生成渲染文件并保存，如图 4－16 所示。最后生成可以播放的 MP4 视频界面，如图 4－17 所示。

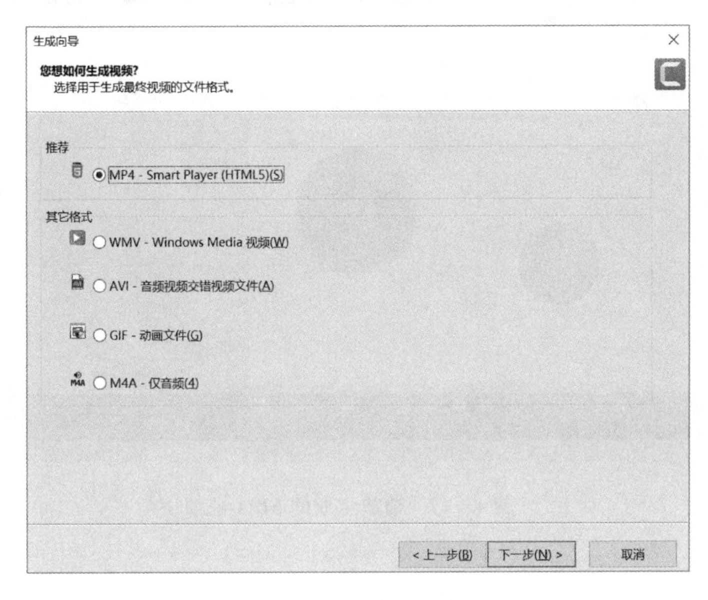

图 4－15　生成向导

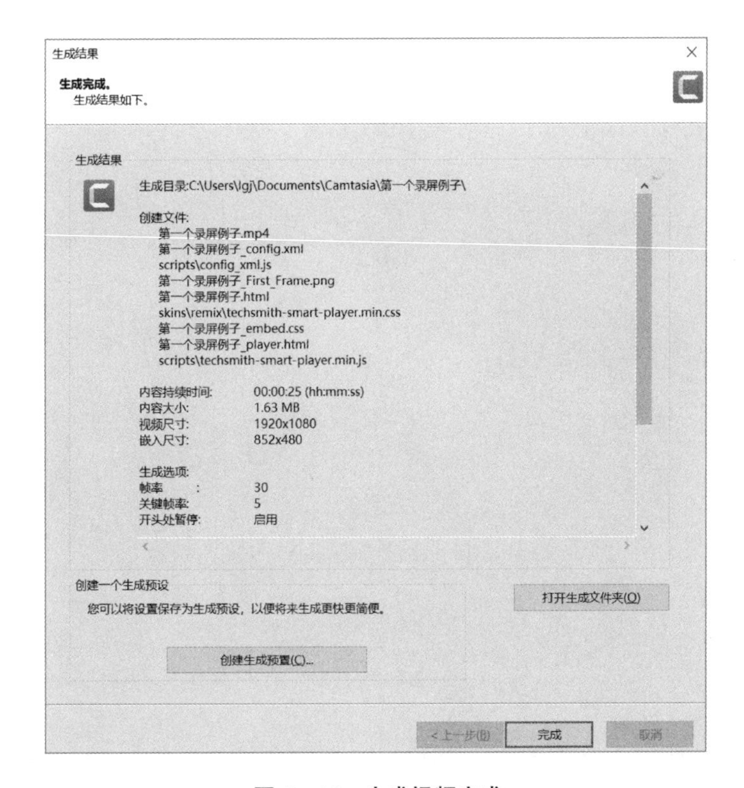

图 4－16　生成视频完成

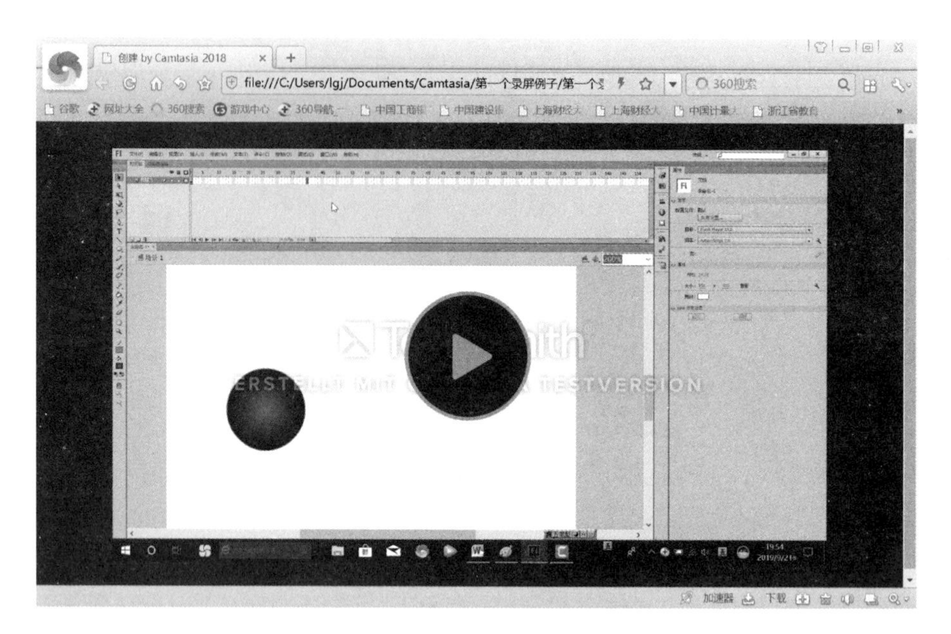

图 4—17　播放生成的 MP4 视频

第 5 章

多媒体创作平台 Authorware

Authorware 是一款由 Macromedia 公司开发的多媒体创作工具。用 Authorware 编制的程序简单、直观，它是一种基于图标和流程图的程序开发模式，适合一般的教学人员和多媒体应用人员学习并应用。自从 Authorware 问世以来，经历了很多版本的升级，现在常用的是 Authorware 7.0 版本。本章首先介绍 Authorware 的基础知识，然后以 Authorware 7.0 为平台，从实例操作入手，介绍显示图标、移动图标、等待图标、擦除图标、交互图标、群组图标、计算图标等在综合案例中的应用。

5.1 基础知识

5.1.1 Authorware 的操作界面

Authorware 安装完成后，运行 Authorware 即可进入操作界面。如图 5-1 所示，是执行新建命令并保存为“第一个例子.a7p”的操作界面。

1. 菜单栏

Authorware 的菜单栏中一共有 11 组菜单，包含了 Authorware 的大部分操作命令。

(1)“文件”菜单：用于文件操作，如新建、打开、保存、发布、打包文件等命令。

(2)“编辑”菜单：用于图标内容的编辑操作，如剪切、撤消、复制、粘贴等。

(3)“查看”菜单：用于查看当前图标、显示工具条、显示网格和浮动面板等。

(4)“插入”菜单：用于插入操作，如插入图标、控件、媒体、对象等。

(5)“修改”菜单：用于修改多媒体文件的属性、图标的对齐层次等。

(6)“文本”菜单：用于定义文本的属性，例如字体、字号、风格等。

(7)“调试”菜单：用于调试运行程序。

(8)“其他”菜单：提供高级的控制功能，如库链接、拼写检查等。

(9)“命令”菜单：提供增强功能，如转换 PPT 到 Authorware XML、安装第三方特效。

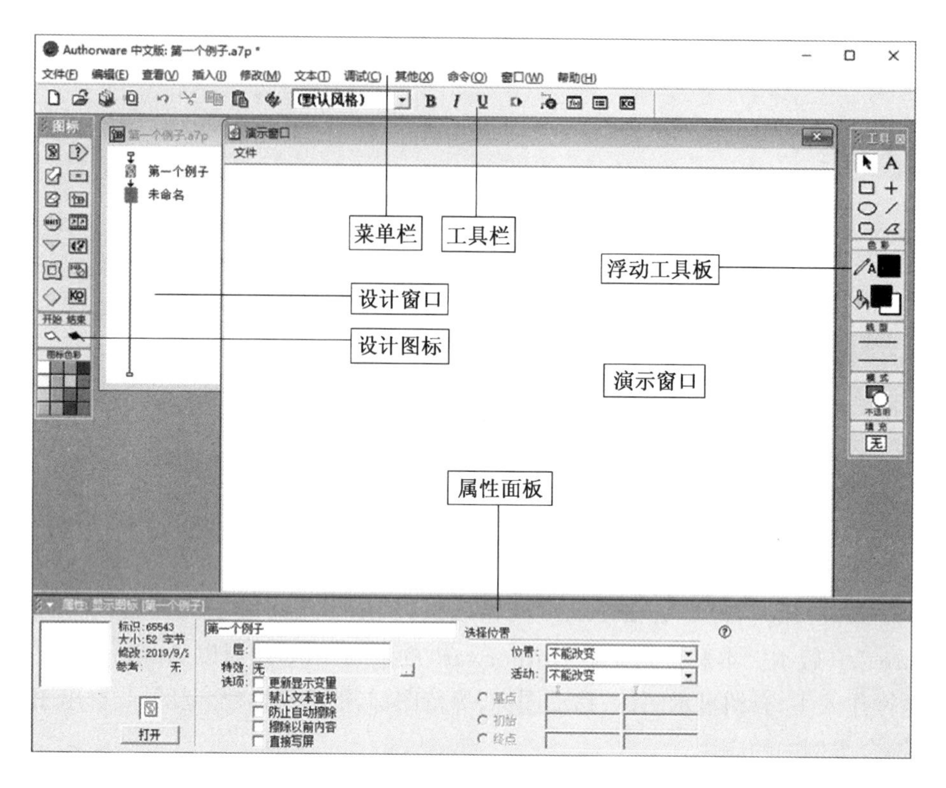

图 5－1　Authorware 的操作界面

(10)“窗口”菜单：用于打开、关闭、切换各种窗口面板。

(11)“帮助”菜单：用于快速获取帮助信息、技术支持等。

2. 工具栏

工具栏提供了一些常用功能的操作按钮，只是为了便捷使用而已。例如，在工具栏中，单击“函数”按钮，将会打开或关闭函数的浮动面板。从左到右的 18 个按钮功能依次为：新建、打开、全部保存、导入、撤消、剪切、复制、粘贴、查找、文本风格、粗体、斜体、下划线、运行、控制面板、函数、变量、知识对象(显示或关闭知识对象浮动面板)。

3. 图标栏

Authorware 是一种基于图标的多媒体开发软件，通过图标控制程序的流程。Authorware 窗口的左侧有一个竖条的图标组，显示了 14 个设计图标、开始与结束的旗标、图标色彩调色板，如图 5－2 所示。图标栏中各个图标的用途如下：

(1)“显示”图标：Authorware 中最重要、最基本的图标，显示文本或图片对象等。

(2)“移动”图标：配合显示图标，使对象移动产生简单的二维动画效果。

(3)“擦除”图标：实现橡皮擦的功能，可以擦除屏幕中不需要的对象。

(4)“等待”图标：设计一段等待时间，响应用户的操作。

(5)“导航”图标：实现程序的跳转，配合框架图标跳转到某一页。

(6)“框架”图标：用于有翻页、导航等功能的框架结构。

(7)"判断"图标:设置一种判定逻辑结构。

(8)"交互"图标:设置交互作用的分支结构。

(9)"计算"图标:执行变量或函数的各种运算,如窗口的大小设置。

(10)"群组"图标:将一组图标组合成一个简要的图标,类似子程序。

(11)"数字电影"图标:用于导入外部影片文件。

(12)"声音"图标:用于插入和播放 WAV 声音文件。

(13)"DVD 视频"图标:用于插入视频文件。

(14)"知识对象"图标:用于插入知识对象。

(15)"开始"旗标:用于程序调试,设置程序运行的起点。

(16)"结束"旗标:用于程序调试,设置程序运行的终点。

(17)"图标调色板":用于给图标着色,增加流程的清晰度。

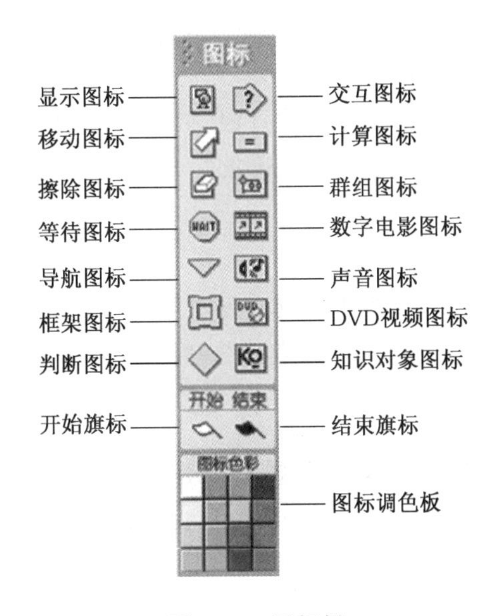

图 5—2 图标栏

4. 浮动工具板

浮动工具板提供了文本及图形的处理工具,利用这些工具可以直接在"演示窗口"中创建文本或绘制矢量图形,如直线绘制、椭圆绘制、矩形绘制等,也可以运用指针工具移动文本或图形。

5.1.2 设计窗口

设计窗口是 Authorware 应用程序的主工作窗口,它的作用就像一个流程图,由几个部分组成:起始点、流程线、粘贴指针(图标插入点)、终止点,如图 5—3 所示。

(1)起始点:程序执行的起始点,流程线顶部的一个小矩形。

(2)流程线:从上而下的一条线,位于起始点和终止点之间的线段。

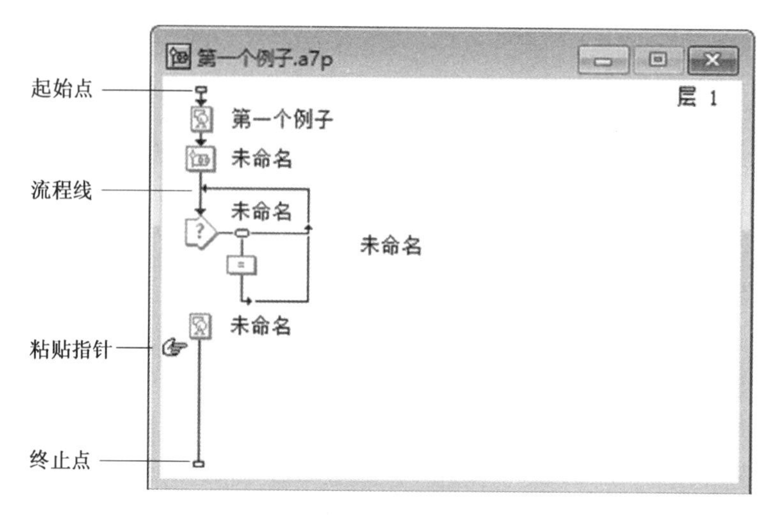

图 5—3　设计窗口

(3)粘贴指针：一只小手的指向图形，在设计窗口显示插入图标的地点。

(4)终止点：程序执行的终止点，流程线底部的一个小矩形。

5.1.3　演示窗口

演示窗口中，可以对图形、文本、按钮以及交互对象进行修改和预览，如图 5—4 所示。打开演示窗口有两种方法：方法一，执行菜单“窗口”→“演示窗口”命令；方法二，按“Ctrl+1”组合键。

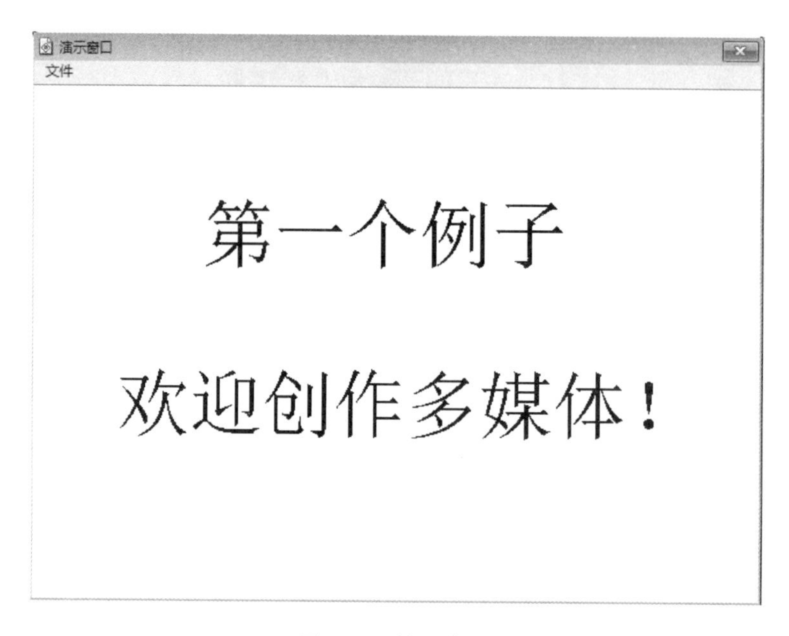

图 5—4　演示窗口

5.2　Authorware 多媒体创作流程

5.2.1　新建文件

Authorware 启动后，会弹出一个新建对话框，如图 5—5 所示。当然，也可以单击工具栏上的“新建”按钮或执行菜单“文件”→“新建”命令新建文件。

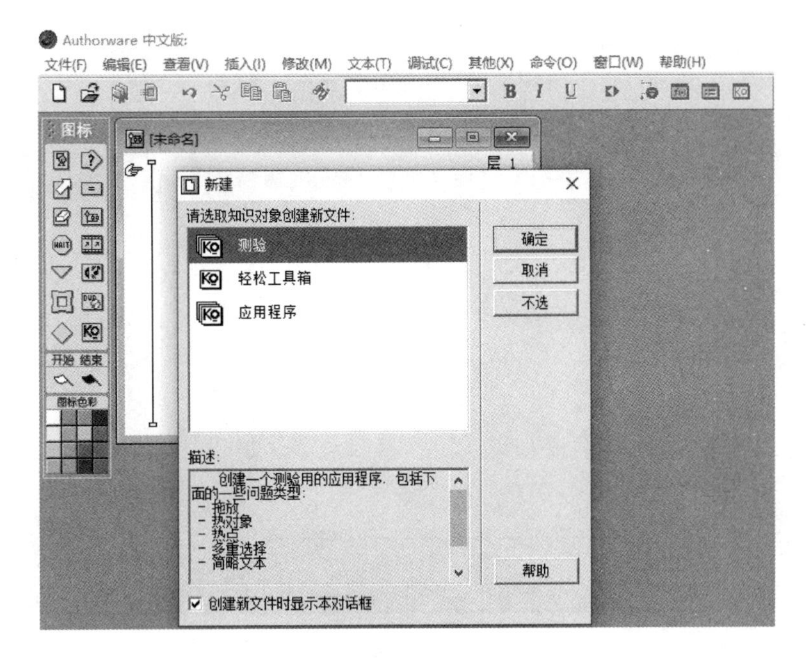

图 5—5　新建文件

5.2.2　设置文件属性

Authorware 启动后，打开程序的同时会打开文件的属性面板，属性面板位于操作区正下方，如图 5—6 所示。也可以执行菜单“修改”→“文件”→“属性”命令，对演示窗口的大小、背景色、是否显示菜单栏等属性进行设置。例如，将演示窗口的大小设置为 640×480 像素。

图 5—6　文件属性

5.2.3 创作流程线

在 Authorware 平台上创作多媒体作品，需要在流程线上添加与删除图标，然后对相应的图标进行编辑。

1. 添加图标

在流程线上添加一个图标，可以直接将“图标”栏中的图标拖到流程线上所需要的位置。例如，要在流程线上添加一个“显示”图标，只需要将“图标”栏左上角的“显示”图标直接拖到流程线上即可，如图 5—7 所示。

图 5—7 拖入显示图标

2. 命名图标

当图标被添加到流程线上后，系统默认为未命名。为了使作品更清晰，增加可读性，建议将图标命名为脚本中需要的名字。例如，一般第一个图标显示为背景图，则在流程线上单击该图标，选中该图标的“未命名”三个字，直接更改为“背景”，如图 5—8 所示。

3. 删除图标

如果想删除某一个图标，则用鼠标单击选中该图标，然后直接按 Delete 键将其删除。

4. 保存文件

当多媒体作品创作完成后，可以将文件保存起来，以方便下一次修改或使用，执行菜单“文件”→“保存”命令即可实现保存。

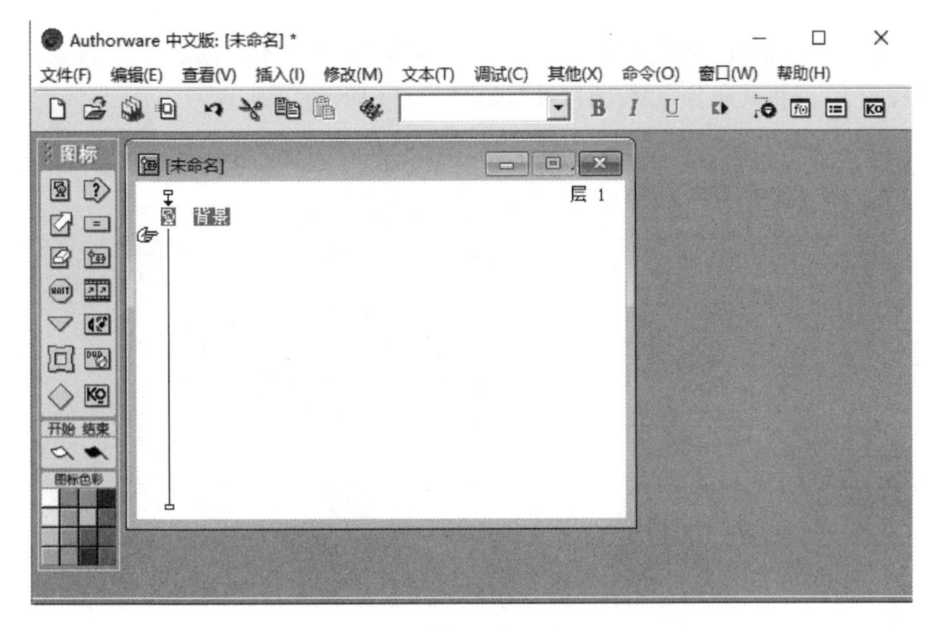

图 5—8　命名图标

5.3　应用案例

5.3.1　案例 1——欢迎光临

1. 创作要求

设计与制作一个“欢迎光临”的多媒体作品，要求：屏幕大小调整为 640×480 像素，屏幕上首先显示一幅校园的背景图像，等待 3 秒后以开门的方式擦除该图像，然后显示红色的四个大字“欢迎光临”，如图 5—9 和图 5—10 所示。

图 5—9　显示背景图像

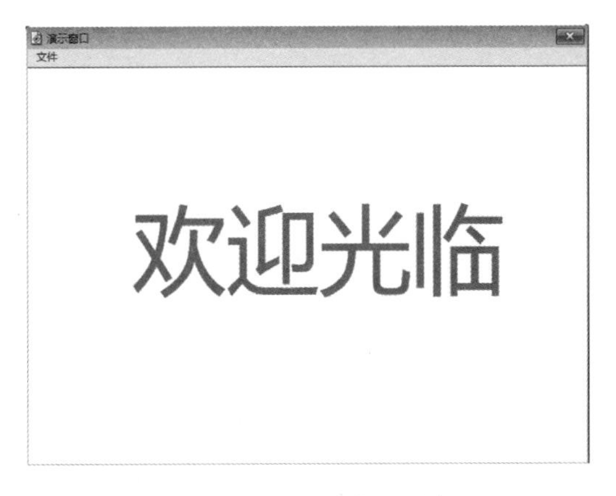

图 5—10　显示欢迎光临

2. 创作过程

(1)启动 Authorware,新建文件。将窗口大小调整为 640×480 像素,然后拖动一个显示图标到流程线上,并将其命名为“校园背景”,如图 5—11 所示。

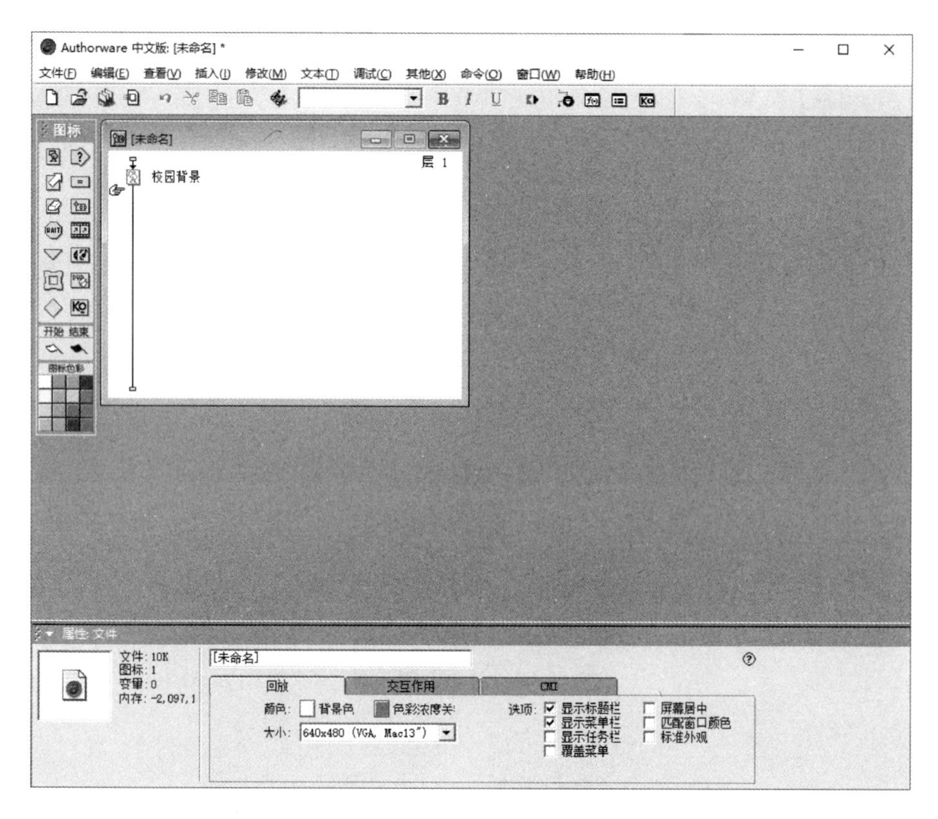

图 5—11 拖入显示图标

(2)双击校园背景的显示图标,将打开一个演示窗口,如图 5—12 所示。

(3)执行菜单“文件”→“导入和导出”→“导入媒体”命令,如图 5—13 所示。

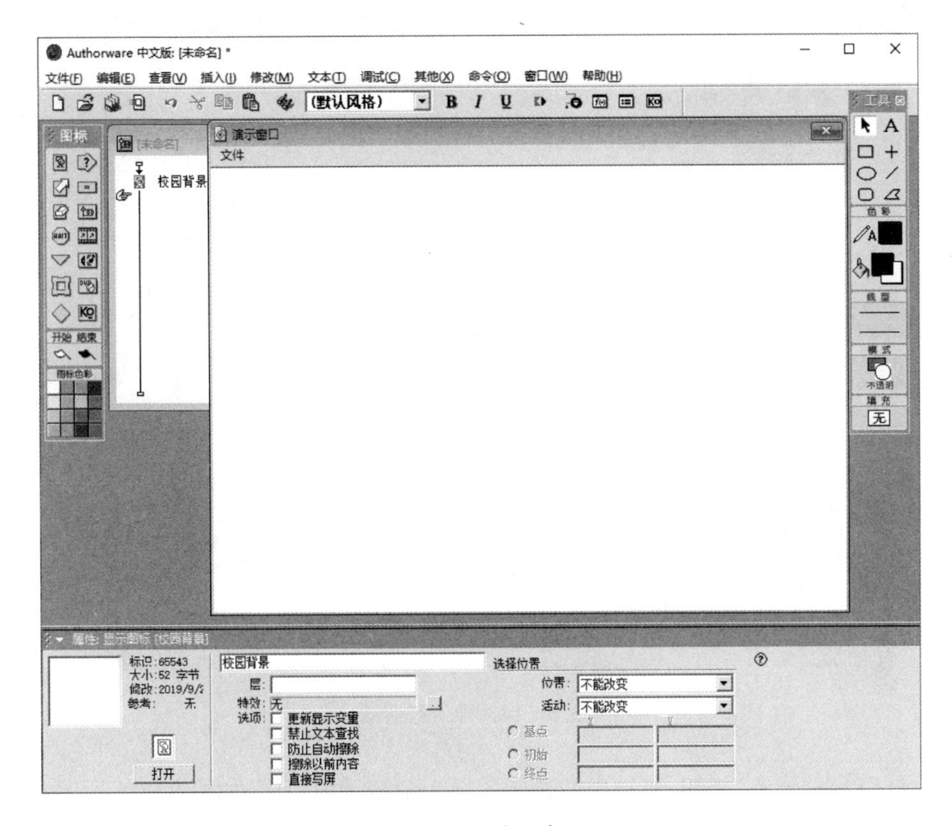

图 5—12　演示窗口

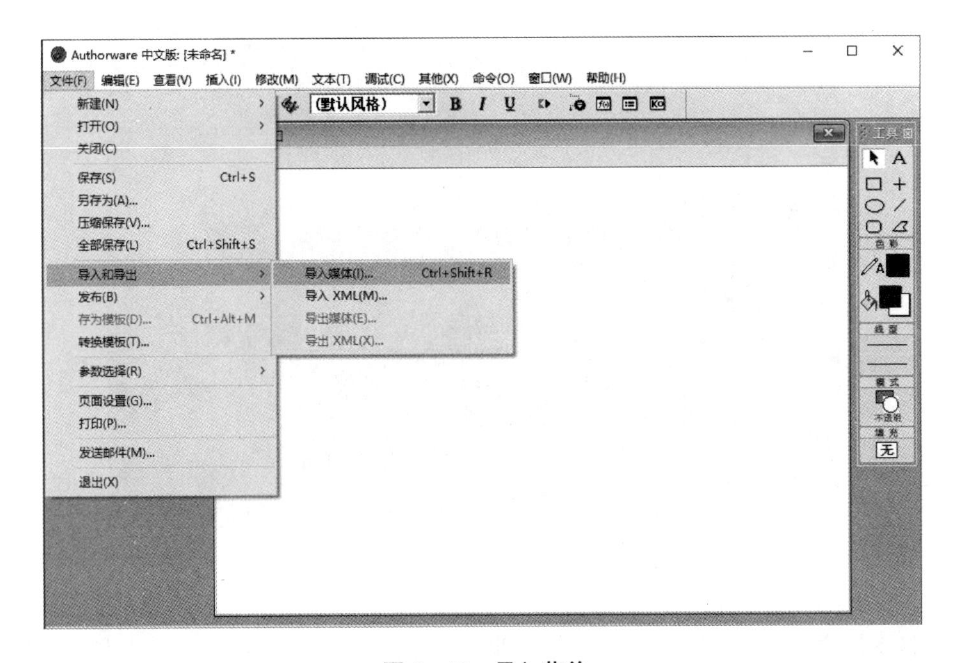

图 5—13　导入菜单

(4)在弹出的“导入哪个文件?”对话框中,选择需要的图像文件,如图 5—14 所示。

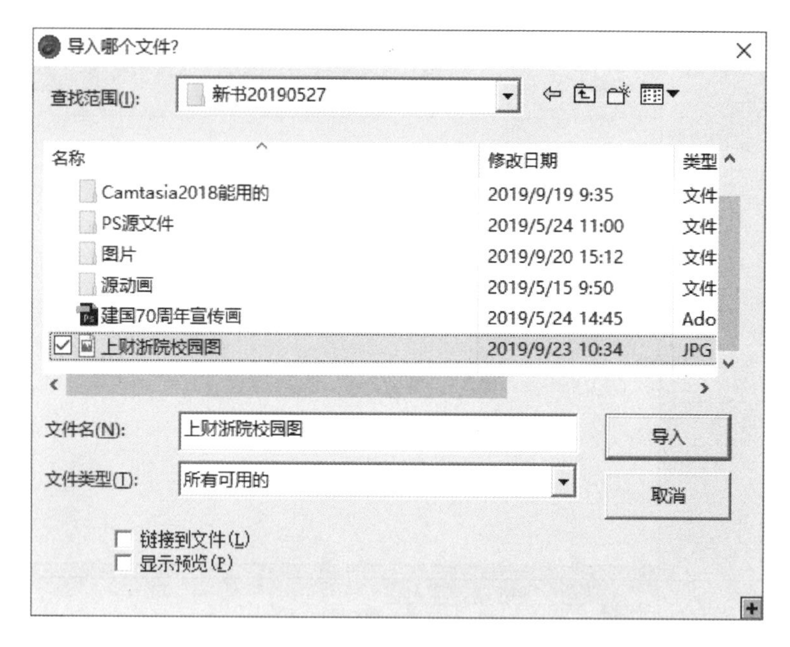

图 5—14　导入对话框

(5)鼠标单击“导入”按钮,将选中的校园图导入到演示窗口中,如图 5—15 所示。

图 5—15　导入图像

(6)将图标栏上的等待图标“wait”拖动到流程线上,并将其命名为“等待 3 秒”,如图 5—16 所示。

图 5—16　拖入等待图标

(7)选中等待图标,在下方的属性对话框里,选择“按任意键”“显示倒计时”,在时限框里输入“3”秒,如图 5—17 所示。

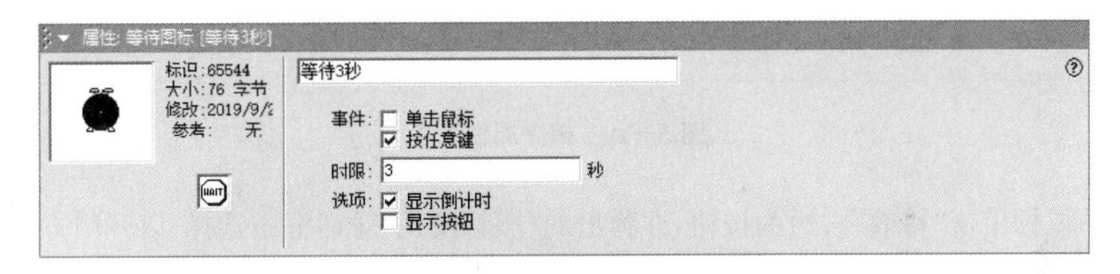

图 5—17　等待图标属性设置

(8)将图标栏上的擦除图标拖动到流程线上,并将其命名为“擦除背景”,如图 5—18 所示。

(9)选中“擦除”图标,在下方的属性对话框里设置“被擦除的图标”,然后在演示窗口中单击校园背景的图像,如图 5—19 所示。

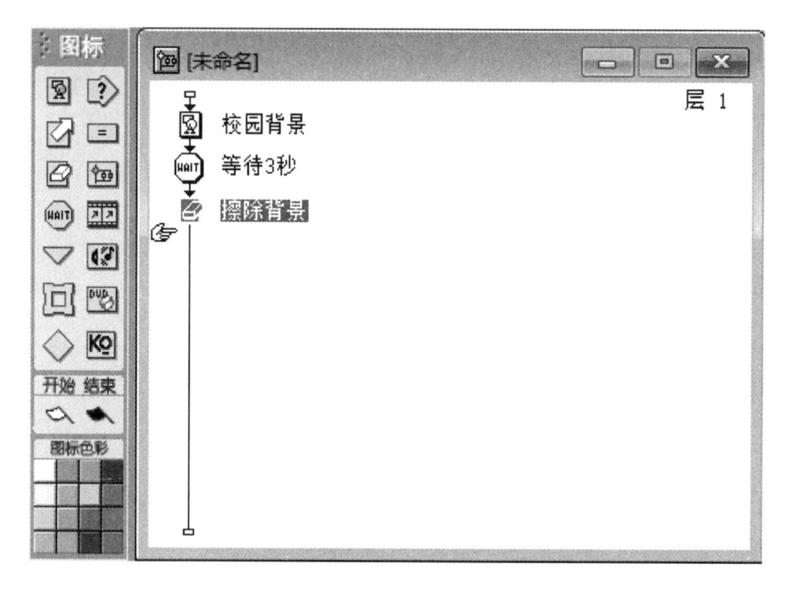

图 5—18　拖入擦除图标

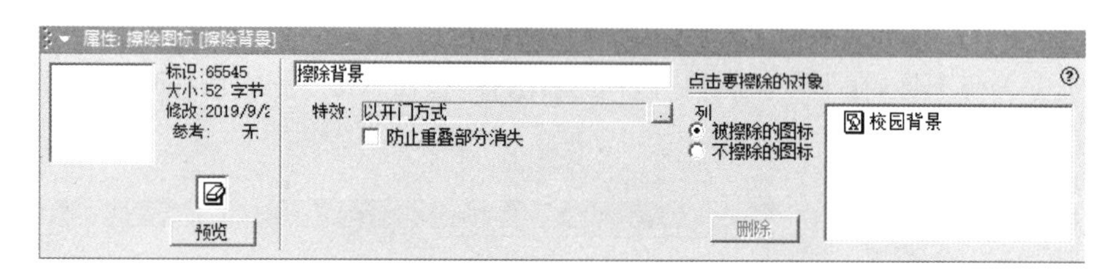

图 5—19　擦除属性设置

（10）鼠标单击"特效"右边的按钮，在弹出的"擦除模式"对话框中选择"以开门方式"，如图 5—20 所示。

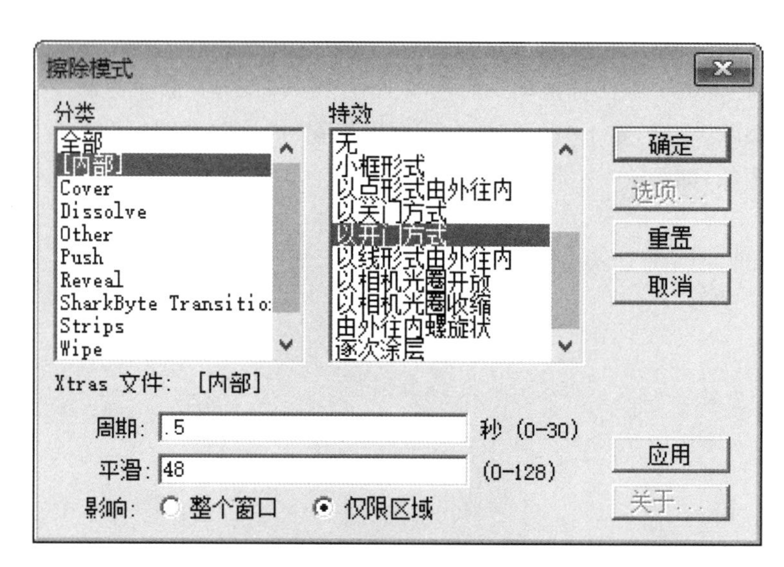

图 5—20　擦除模式设置

(11)再次将图标栏上的显示图标拖动到流程线上，并将其命名为“欢迎光临”，如图 5—21 所示。

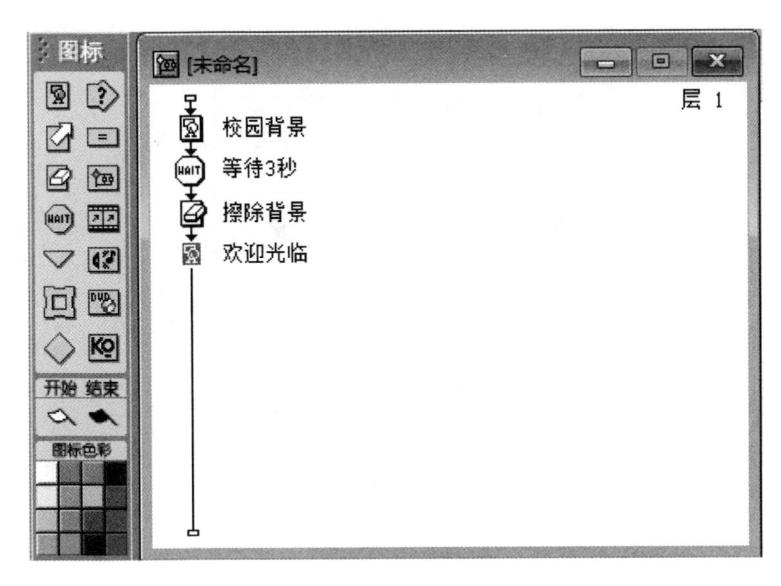

图 5—21　再次拖入显示图标

(12)双击“欢迎光临”的显示图标，打开演示窗口，发现演示窗口上的图像已经不见了，即背景图像已经被擦除。运用浮动工具板上的文本工具在演示窗口中输入“欢迎光临”四个字，如图 5—22 所示。

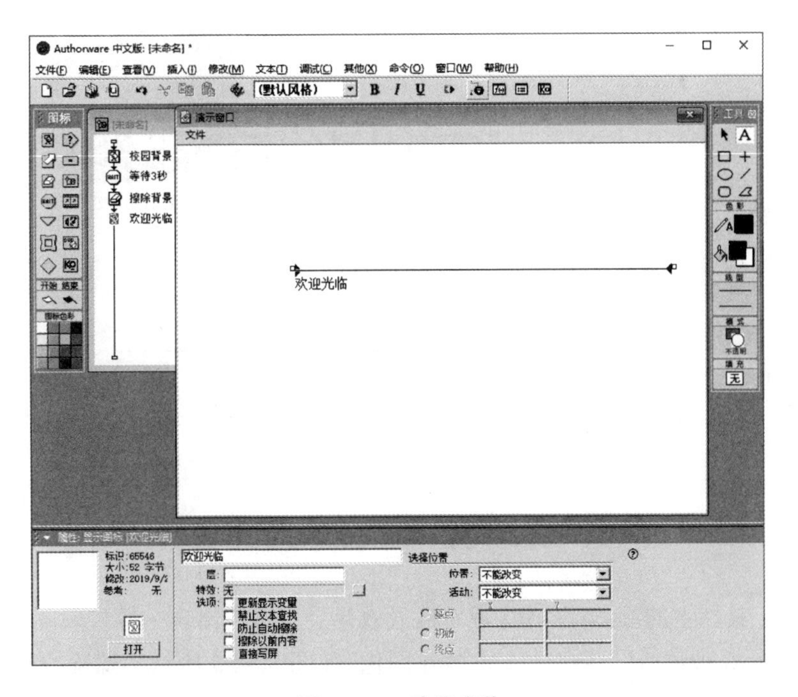

图 5—22　欢迎光临

(13)在演示窗口中，选中“欢迎光临”四个字，执行菜单“文本”→“字体” →“其他”命令，调出“字体”对话框，选择微软雅黑，如图 5—23 所示。

图 5—23 字体设置

(14)继续选中“欢迎光临”四个字，执行菜单“文本”→“大小”命令，选择“60”，在浮动工具板上，将文字的颜色设置为红色，如图 5—24 所示。

图 5—24 字号与颜色设置

(15)单击工具栏上的“运行”按钮，观看播放效果。屏幕先出现一幅校园图，左下角出现一个倒计时的画面，3 秒钟后以开门的方式擦除图像，如图 5—25 所示。擦除完毕后，出现欢迎光临的画面。

图 5—25　开门擦除中

(16)按“Ctrl+S”组合键,保存为“欢迎光临.a7p”。

3. 作品发布

(1)执行菜单“文件”→“发布”→“打包”命令,弹出“打包文件”对话框,单击“保存文件并打包”,如图 5—26 所示。

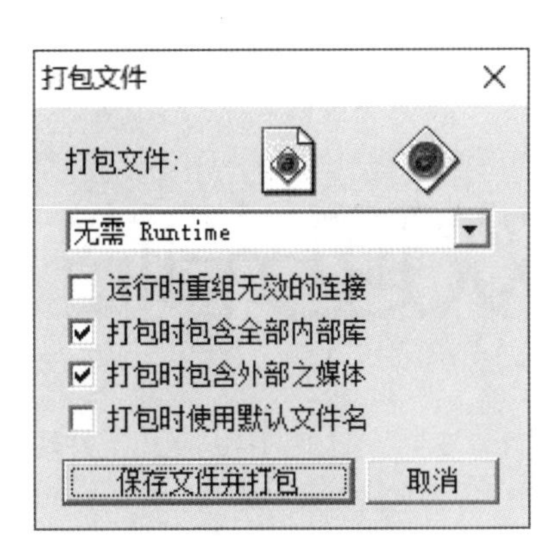

图 5—26　打包文件设置

(2)在弹出的“打包文件为”对话框中,选择存放的文件地址,单击“保存”按钮,进行打包,如图 5—27 所示。

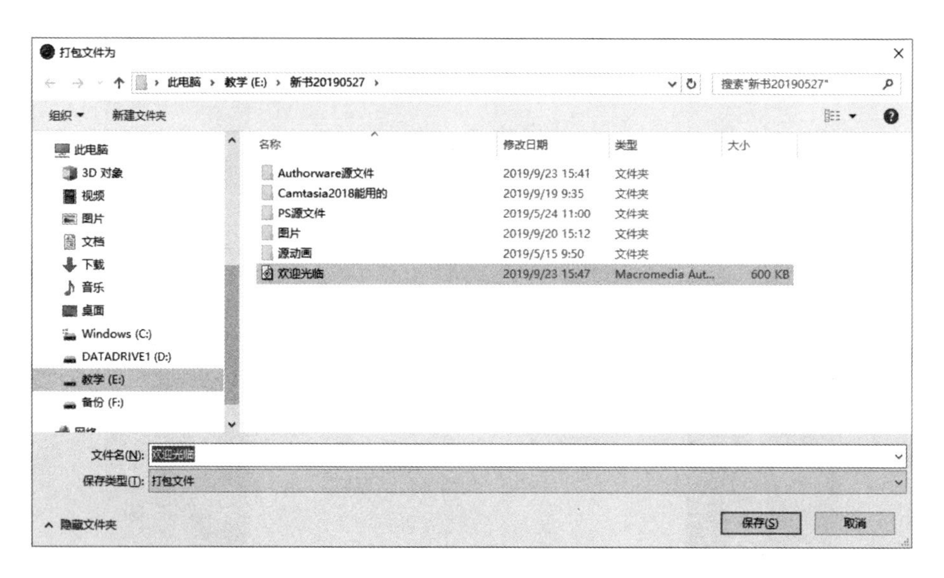

图 5—27　打包文件

(3)运行刚才打包好的文件,发现标题栏已经改为“欢迎光临”,如图 5—28 所示。经过打包的文件,可以脱离 Authorware 平台独立播放。

图 5—28　运行打包的文件

5.3.2　案例 2——升国旗

1. 创作要求

设计与制作一个“升国旗”的动画作品,要求:屏幕大小调整为 640×480 像素,屏幕上有旗杆和一面在旗杆中间的五星红旗，然后慢慢地升到顶部，完成升旗的动画，如图 5－29 所示。

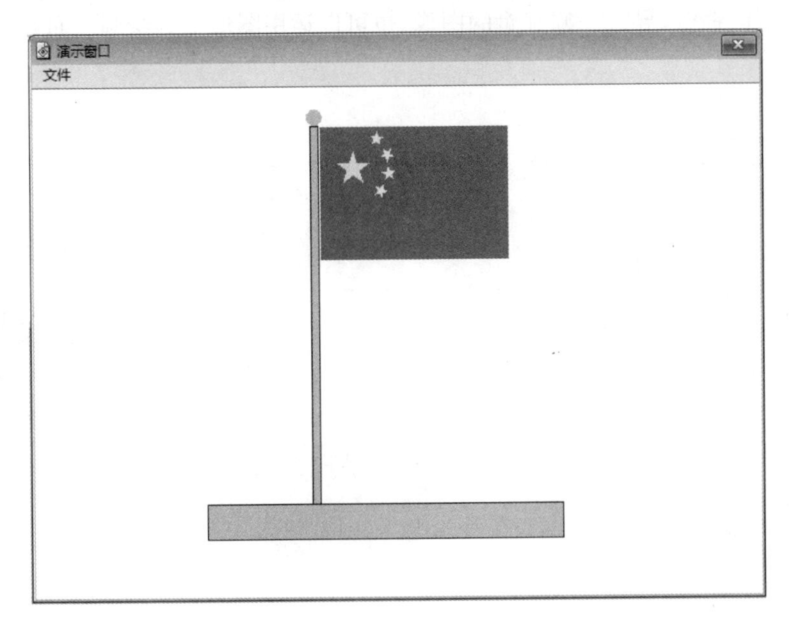

图 5－29　升国旗

2. 创作过程

(1)启动 Authorware，新建文件。

(2)将窗口大小调整为 640×480 像素，然后拖动一个显示图标到流程线上，并将其命名为"旗杆"，然后运用浮动工具板上的矩形和圆形工具，绘制旗杆及底座的图形，如图 5－30 所示。

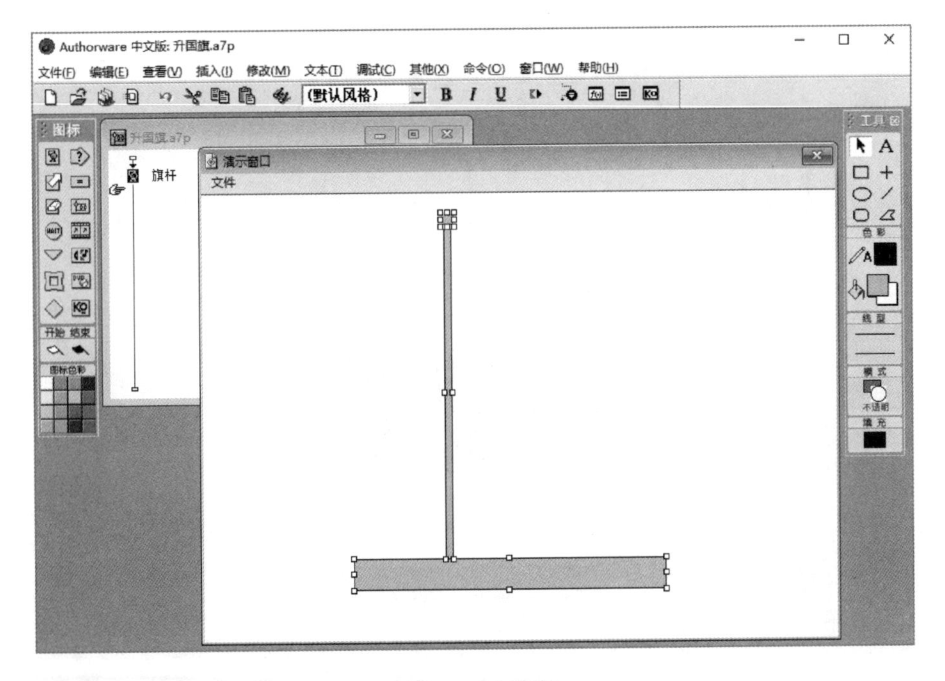

图 5－30　旗杆

(3)拖动一个显示图标到流程线上,并将其命名为"红旗",执行菜单"文件"→"导入和导出"→"导入媒体"命令,导入一幅红旗的图像,也可以运用图形工具绘制一面红旗,如图 5—31 所示。

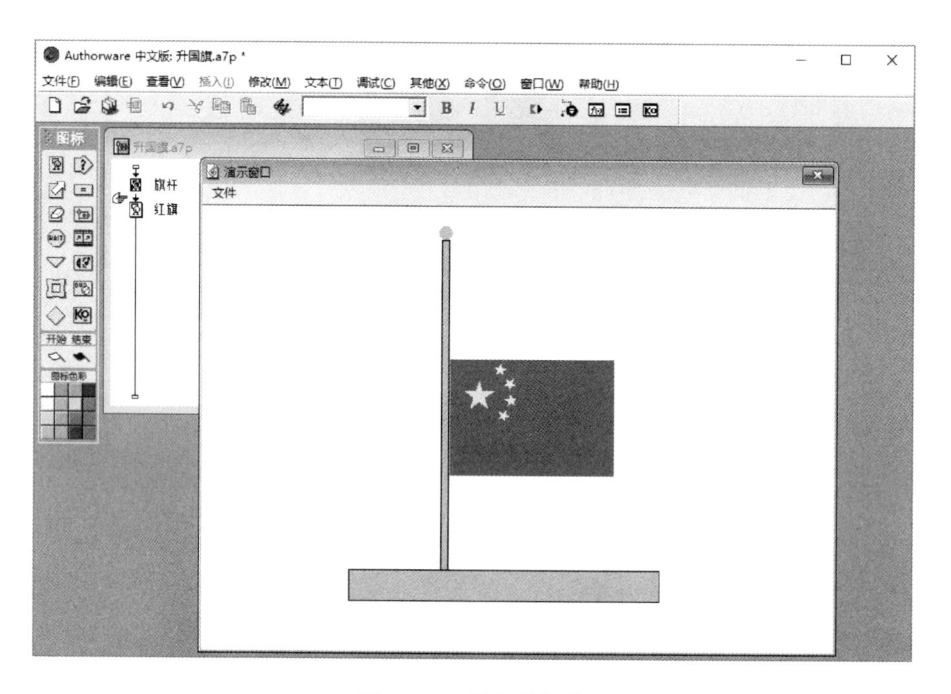

图 5—31　导入的红旗

(4)拖动一个移动图标到流程线上,并将其命名为"升旗",如图 5—32 所示。

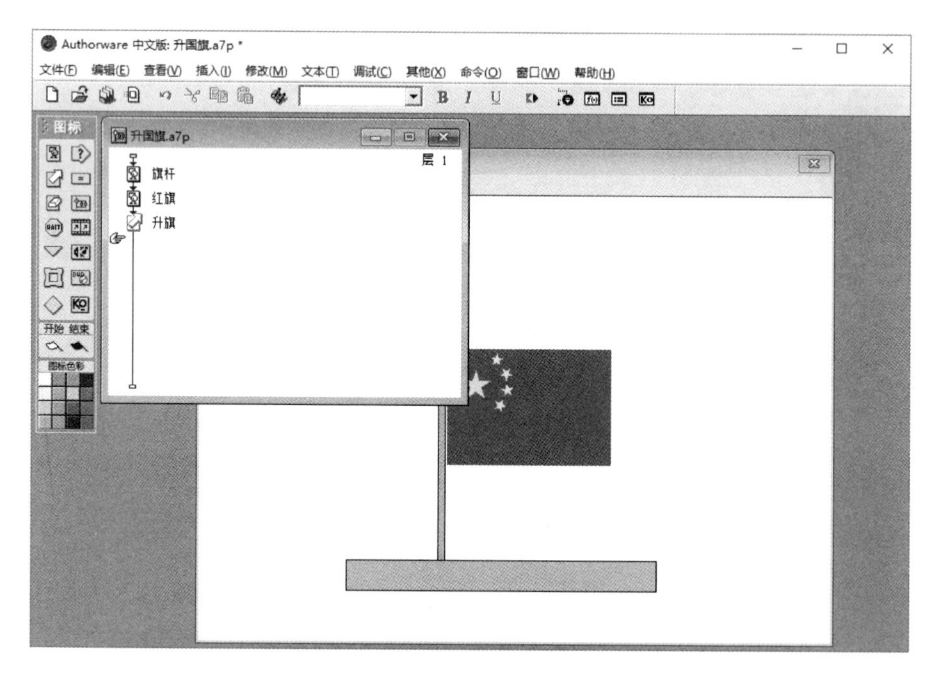

图 5—32　拖入移动图标

(5)双击流程线上的升旗图标，在演示窗口中单击选择红旗，并在移动图标的属性栏里设置参数，并设立红旗移动的起点和终点，如图 5－33 所示。因为从前面的章节中知道国歌的播放时间为 46 秒，所以在这里我们将升旗的动画时间设置为 46 秒。

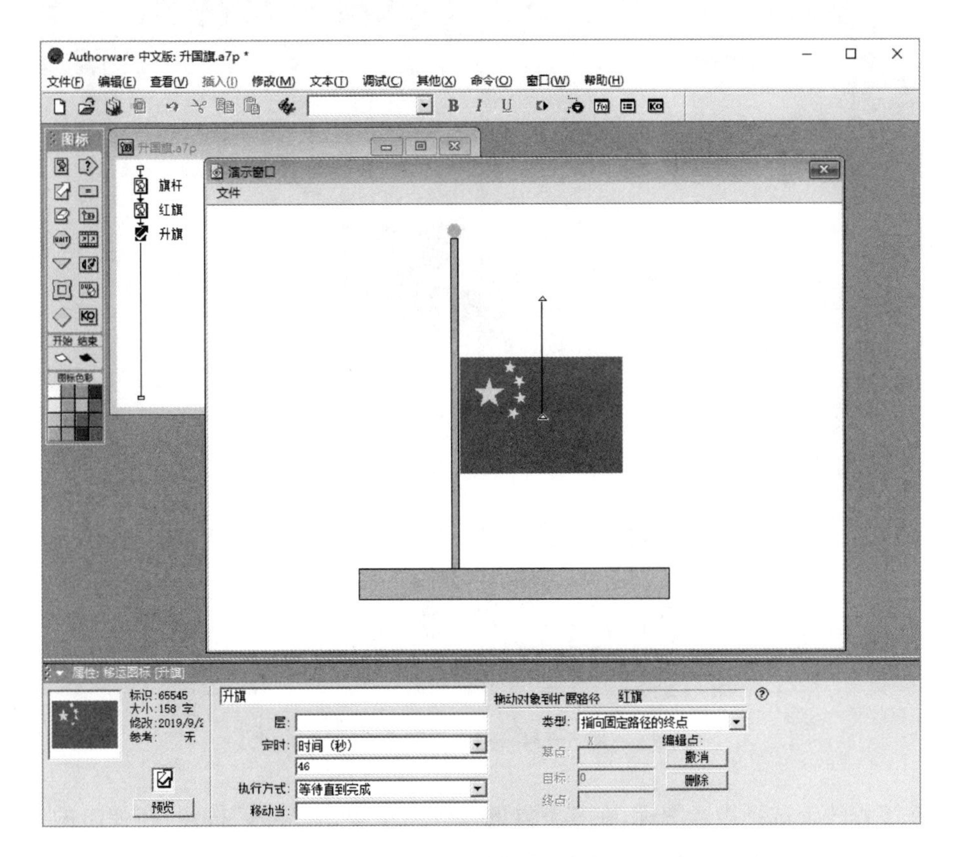

图 5－33　移动图标参数

(6)单击工具栏上的“运行”按钮，观看播放效果。五星红旗冉冉升起。

(7)在流程线上，将光标定位在旗杆图标的上方，拖入一个声音图标，并将其命名为“中华人民共和国国歌”，如图 5－34 所示。

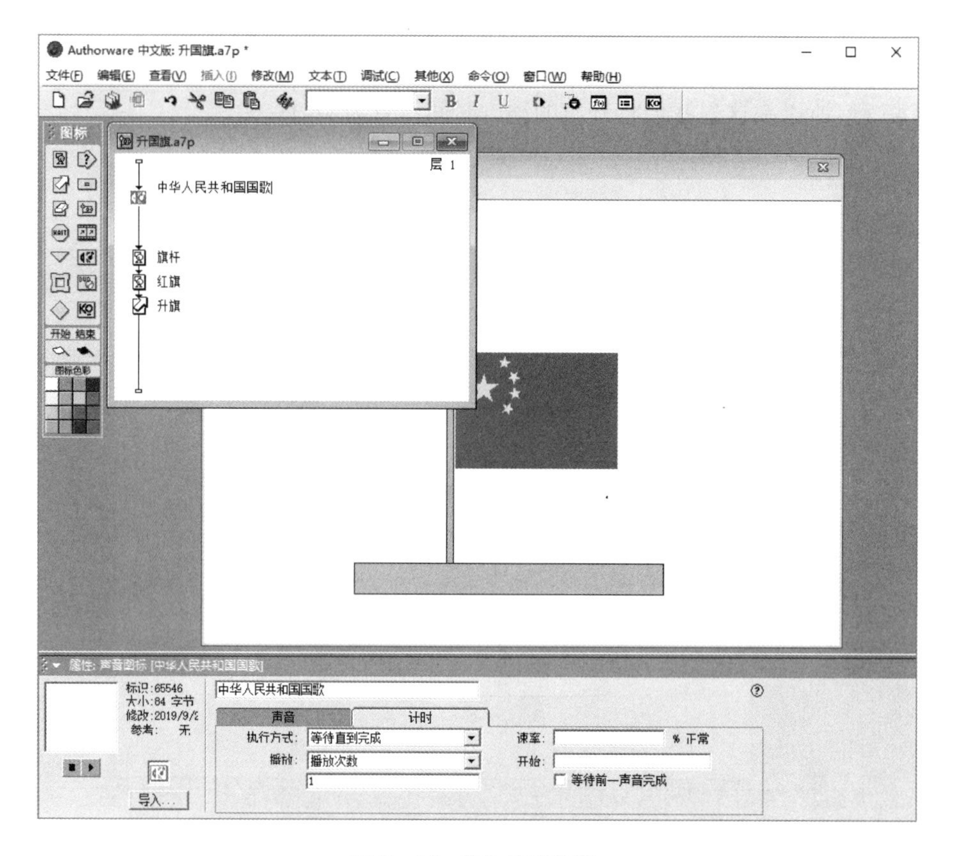

图 5—34　拖入声音图标

(8)在流程线上选择声音图标，在其下方的属性栏里单击“导入”按钮，在弹出的对话框里选择从政府网站上下载的“中华人民共和国国歌 . wav”音频文件，如图 5—35 所示。

(9)在属性栏里进行设置，如图 5—36 所示。

(10)再次单击工具栏上的“运行”按钮，观看播放效果。发现国歌奏响的同时，五星红旗冉冉升起；国歌奏毕，国旗升到顶部。

(11)按“Ctrl+S”组合键，保存为“升国旗 . a7p”。

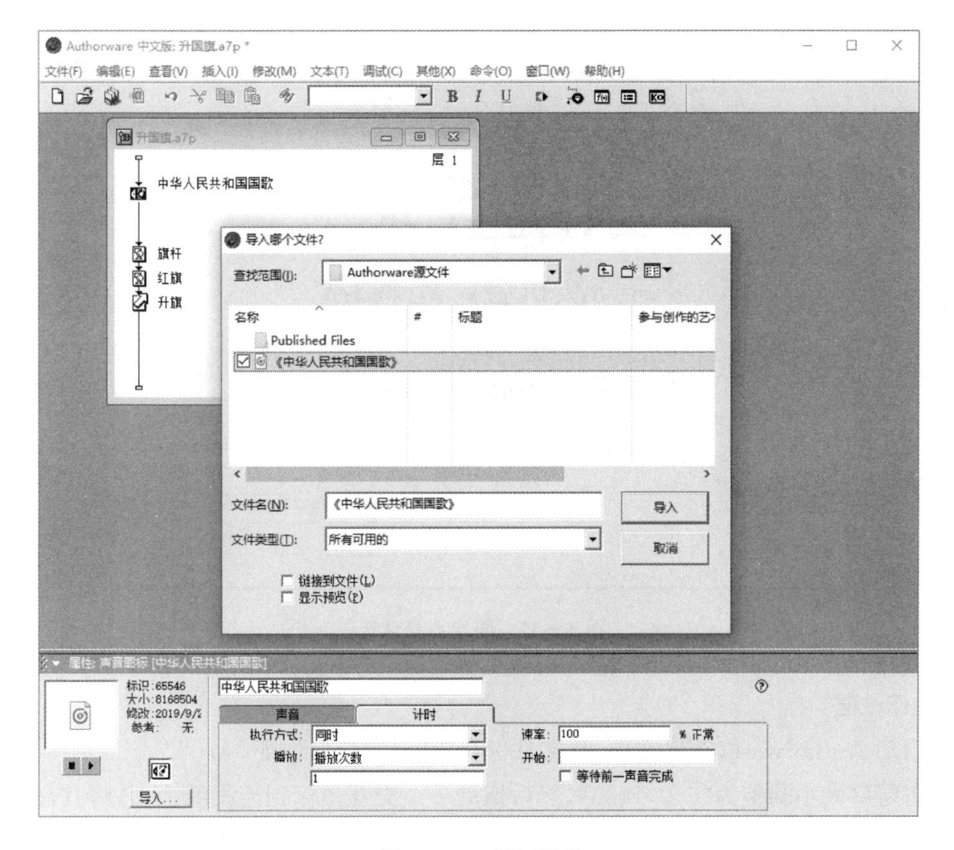

图 5—35　导入国歌

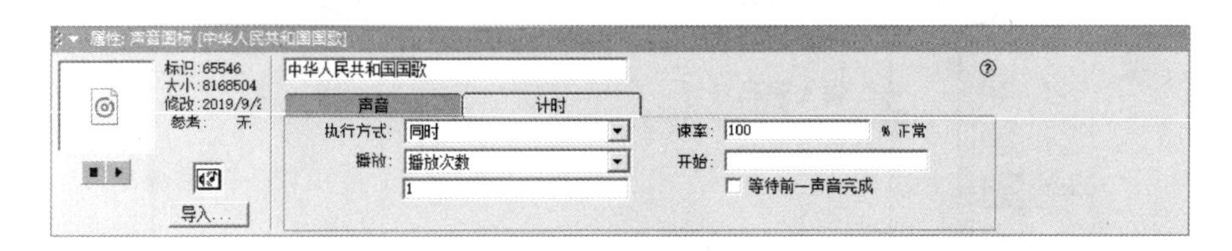

图 5—36　声音计时为同时

5.3.3　案例 3——限次身份认证

1. 创作要求

设计一个限次身份认证的系统登录界面。要求：动画播放时，首先跳出一个系统登录窗口，假设密码为“123456”。提示用户一共有 3 次机会，如果输入密码正确，进入欢迎界面；如果输入密码不正确，则可以继续输入密码，并提示剩余的次数，当第 3 次输入密码错误时，出现警告提示框“对不起，你已经输错 3 次了，你是非法用户！”，然后退出。系统登录界面如图 5—37 所示。

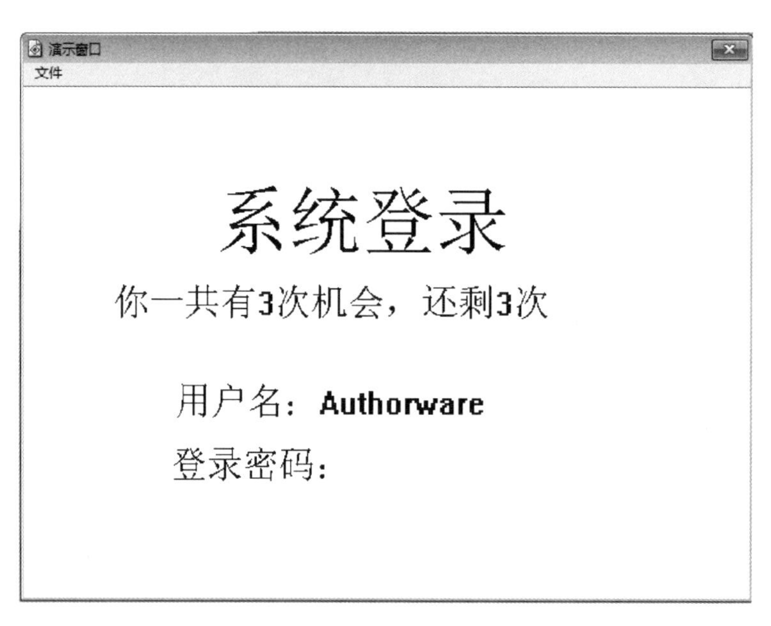

图 5—37　限次身份认证

2. 创作过程

(1)启动 Authorware，新建文件，将文件保存为“限次身份认证.a7p”。

(2)将窗口大小调整为“640×480”，然后拖动一个交互图标到流程线上，并将其命名为“输入密码”，如图 5—38 所示。

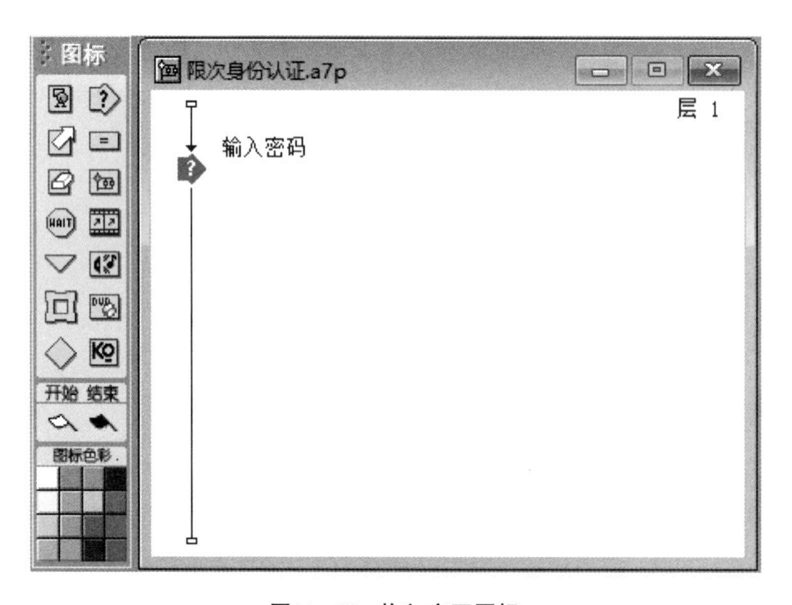

图 5—38　拖入交互图标

(3)双击“输入密码”交互图标，打开设计窗口，运用文本工具设计好界面，这里“{3－Tries}”用到了一个系统变量，表示剩余次数，如图 5—39 所示。

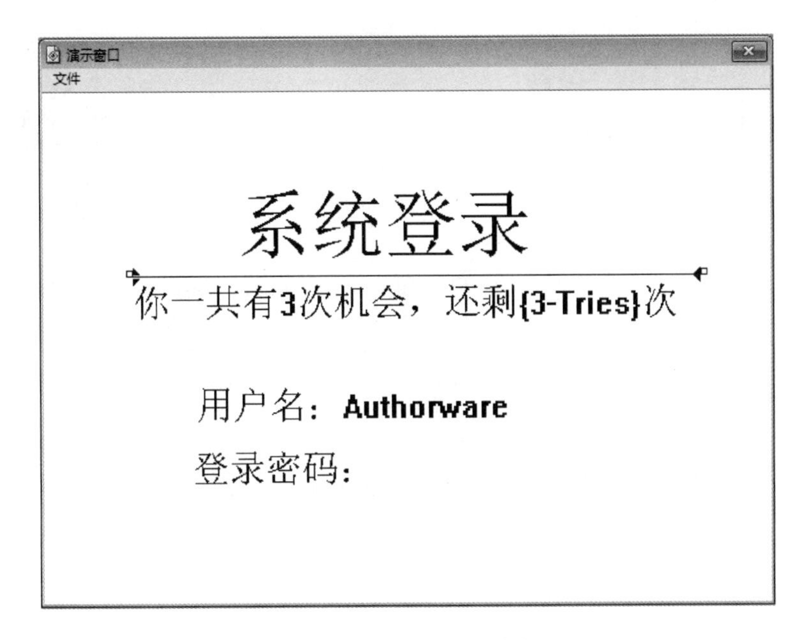

图 5—39　交互图标设计窗口

(4)单击“输入密码”交互图标，打开下方的交互图标属性面板，选择“显示”选项卡，勾选“更新显示变量”，如图 5—40 所示。

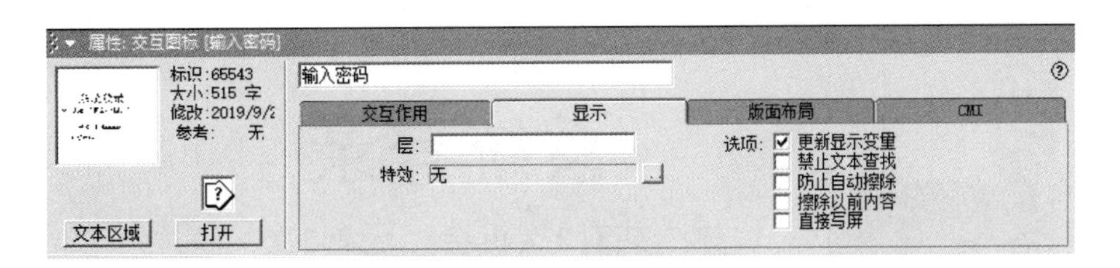

图 5—40　交互图标属性“显示”设置

(5)拖放一个群组图标到交互图标的右侧，在弹出的“交互类型”对话框中选择“文本输入”，单击确定按钮建立一个交互分支，如图 5—41 所示。

(6)将群组图标命名为“password”，然后将“文本输入”框调整到合适的位置，如图 5—42 所示。

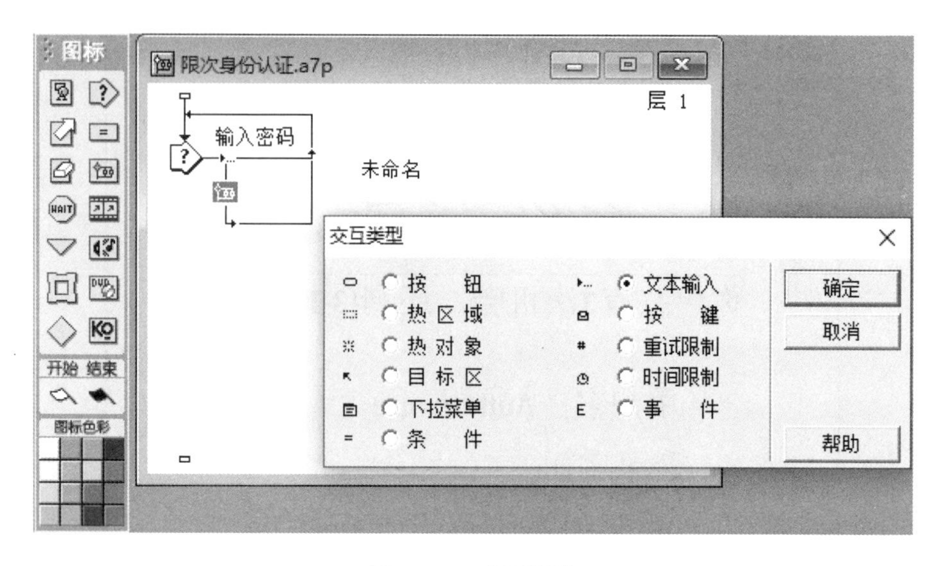

图 5－41 交互类型

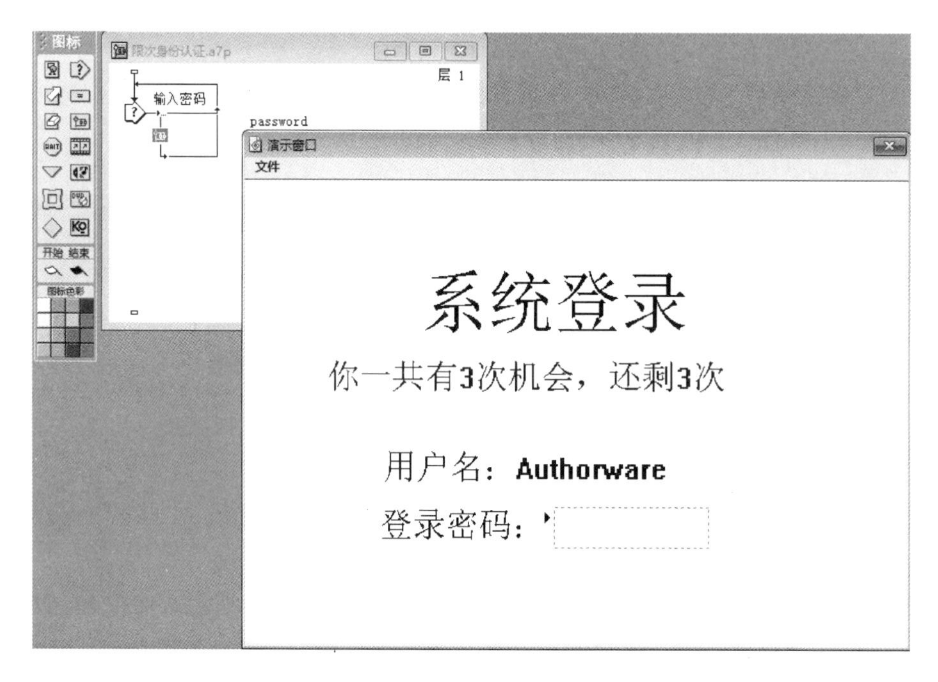

图 5－42 password 界面

(7)在交互图标的右侧和群组图标的上方有一个小箭头，称为交互标志，单击该交互标志，调出交互图标的属性，选择“响应”选项卡，在“分支”的下拉框中选择“退出交互”，如图 5－43 所示。

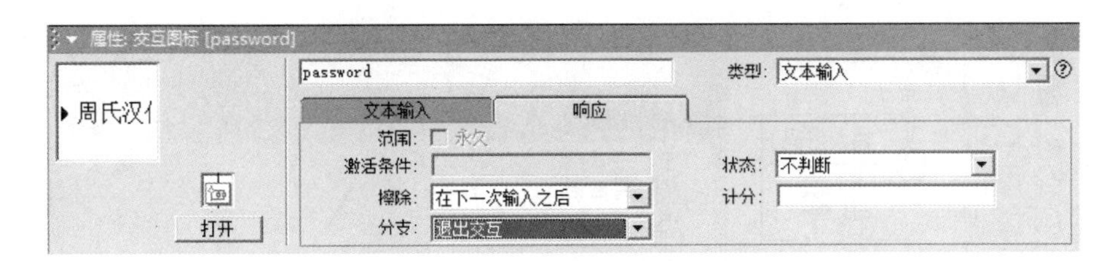

图 5－43　交互分支属性“响应”设置

(8)拖放一个群组图标到“password”群组图标的右侧，命名为“重试限制 3 次”，单击该图标上方的交互标志，调出交互图标的属性，在“类型”的下拉框中选择“重试限制”，将“最大限制”的值设为“3”，如图 5－44 所示。选择“响应”选项卡，在“分支”的下拉框中选择“重试”，如图 5－45 所示。

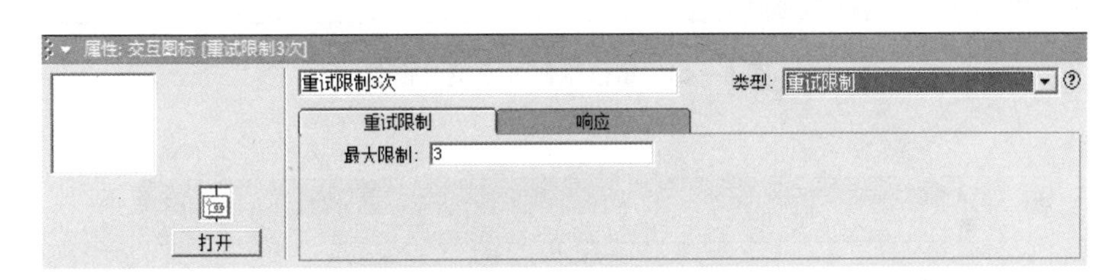

图 5－44　交互分支属性“类型”设置

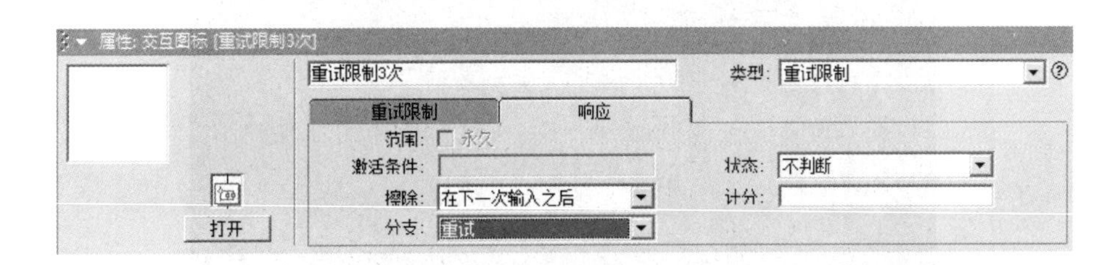

图 5－45　交互分支属性“响应”设置

(9)在流程线上，双击“重试限制 3 次”的群组图标，打开第 2 层的设计窗口，然后拖放一个显示图标到流程线上，命名为“警告语”；拖放一个等待图标到其下方，命名为“等待 3 秒”；拖放一个计算图标到其下方，命名为“退出”，如图 5－46 所示。

(10)双击“警告语”显示图标，在它的演示窗口中，运用图形工具绘制一个矩形，填充色为黑色，运用文本工具输入白色文字“对不起，你已经输错 3 次了，你是非法用户！”，如图 5－47 所示。

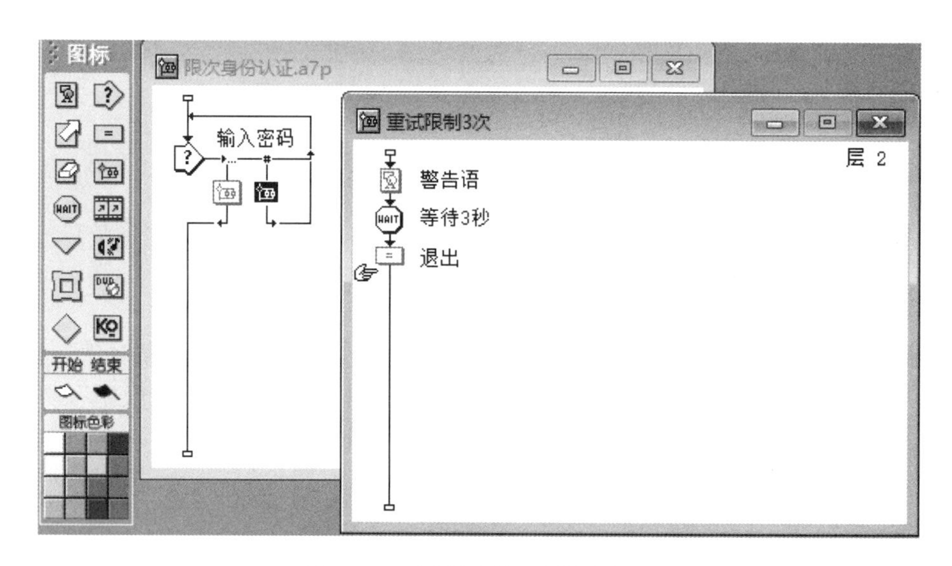

图 5—46　重试限制 3 次设计窗口

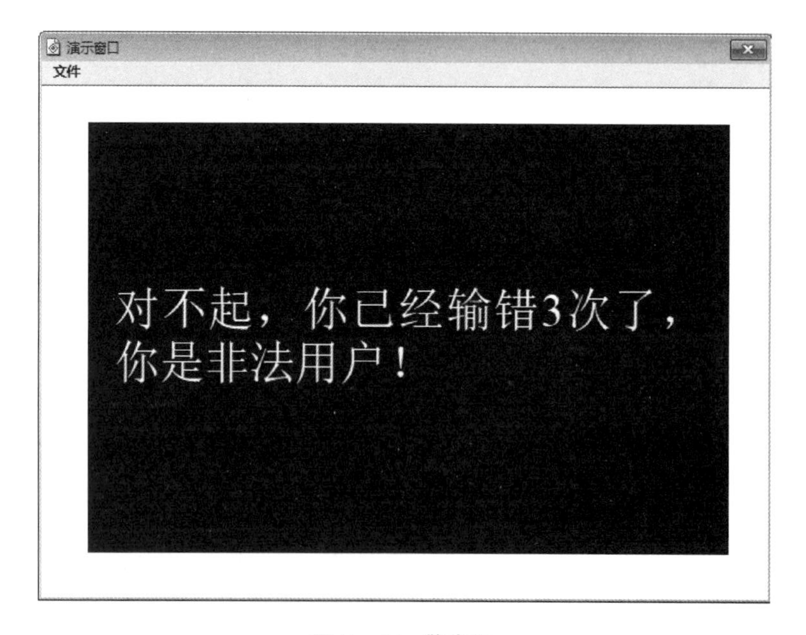

图 5—47　警告语

(11)双击“等待 3 秒”等待图标，调出等待图标的属性面板，将“时限”设为“3”秒，如图 5—48 所示。

(12)双击“退出”计算图标，在弹出的“退出”框中输入“quit(0)”，告诉系统运行到此时，将退出系统，如图 5—49 所示。

(13)回到图层 1，拖放一个显示图标到“输入密码”交互图标的下方，命名为“欢迎界面”，双击“欢迎界面”显示图标，在打开的演示窗口中，运用文本工具设计一个欢迎界面，如图 5—50 所示。

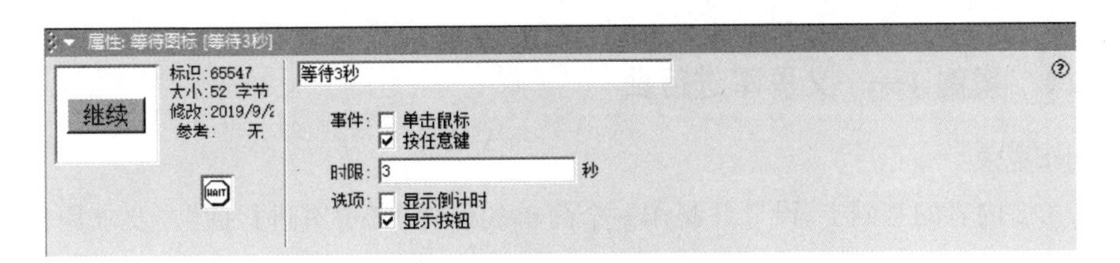

图 5—48　等待图标属性设置

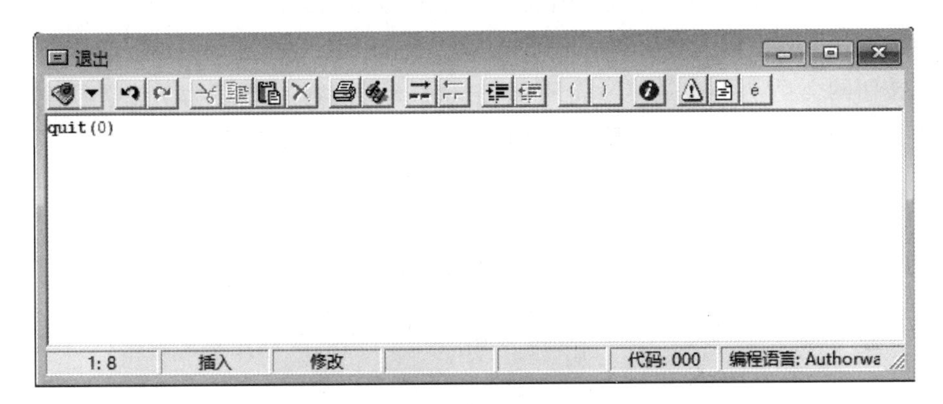

图 5—49　“退出”计算图标上的代码

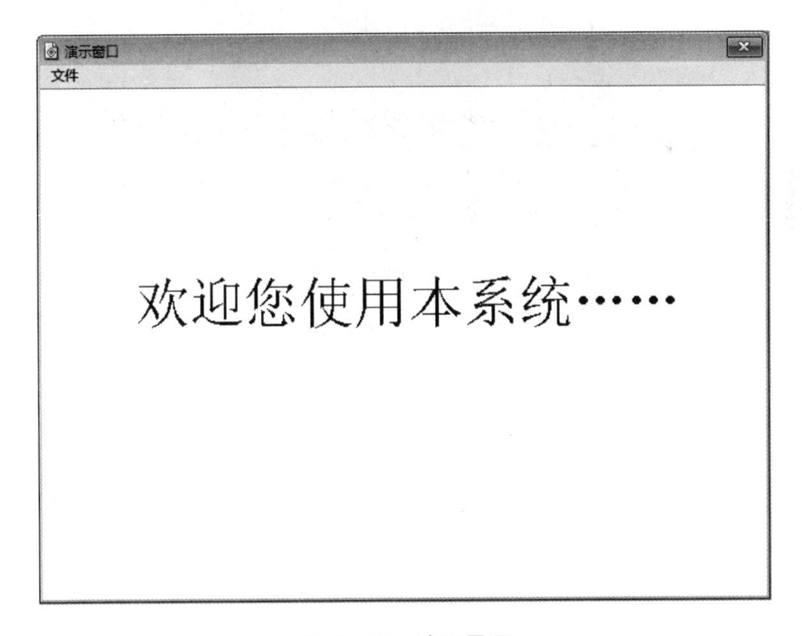

图 5—50　欢迎界面

(14)运行程序，尝试 3 次错误后，出现警告语并等待 3 秒后退出程序；当输入密码正确时进入欢迎界面。

(15)按“Ctrl+S”组合键,保存文件。

5.3.4 案例4——义勇军进行曲

1. 创作要求

在5.3.2内容的基础上,设计并制作一个简单的课件“义勇军进行曲”。要求用按钮的形式控制播放课件,动画一开始出现一幅北京天安门的图像,然后出现“义勇军进行曲”6个大字,如图5—51所示;延迟3秒后图像和文字都被擦除,进入到按钮控制的界面,此时一共出现3个按钮:按“升旗动画”按钮则播放奏国歌、升国旗的动画,如图5—52所示;按“国歌歌词”按钮则播放歌词从下往上滚屏的动画,如图5—53所示;按“退出”按钮则退出播放器。本节内容重点介绍按钮的交互应用,也是第3章Flash中3.8.3的内容,主要是为了让学习者用不同的软件实现同一功能,能够起到举一反三的作用。最终设计界面如图5—54所示。

图5—51 奏国歌动画

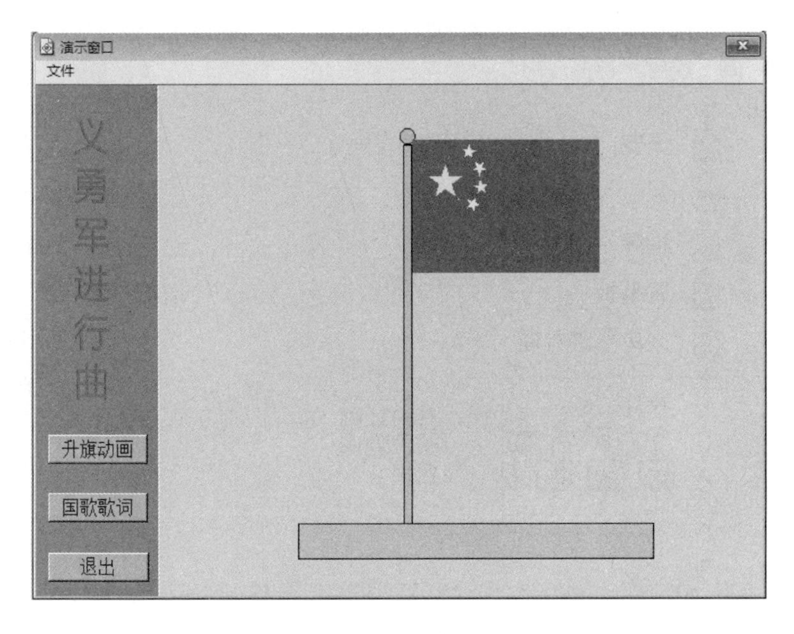

图 5—52　升旗动画

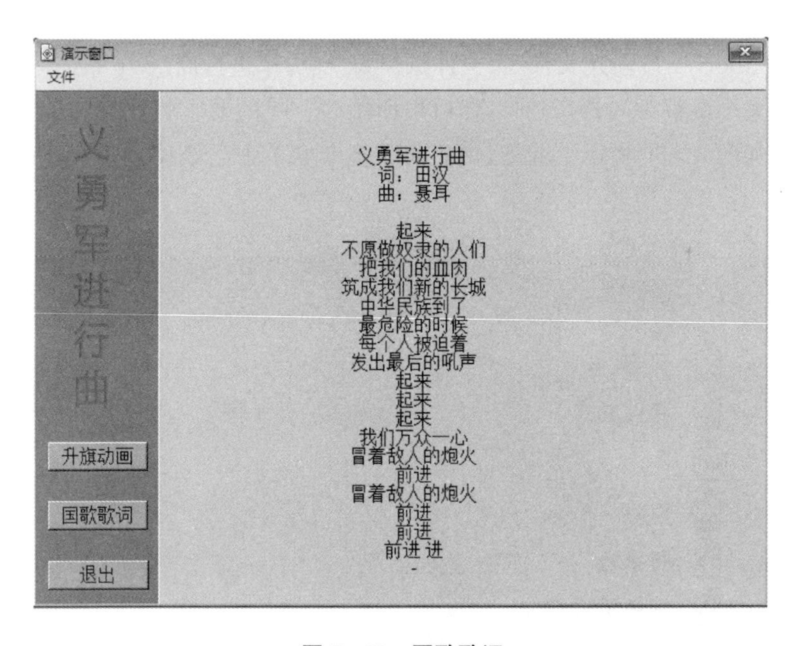

图 5—53　国歌歌词

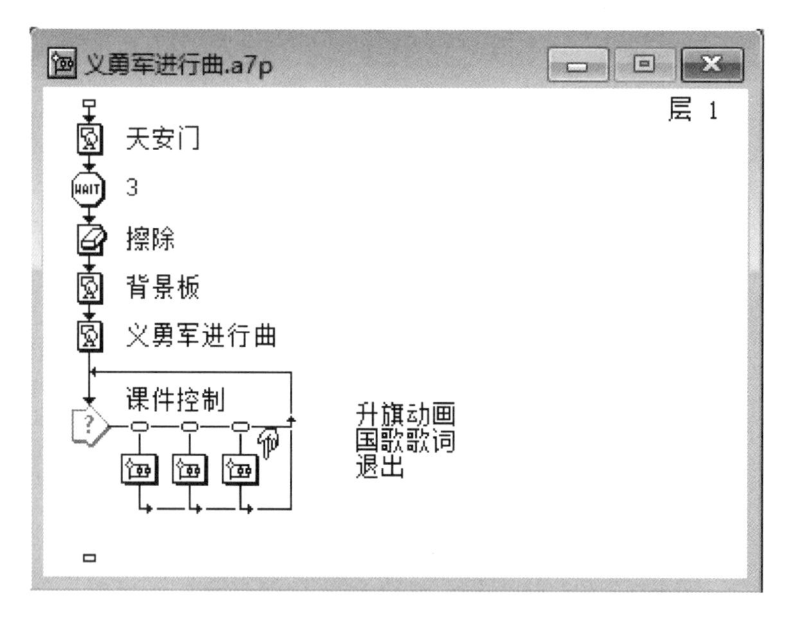

图 5—54 最终设计界面

2. 创作过程

(1)启动 Authorware,新建文件,将文件保存为"义勇军进行曲 . a7p"。

(2)将窗口大小调整为"640×480",然后根据图 5—54 的要求将图标拖到流程线上,并按要求分别命名,如图 5—55 所示。此处,由于前面多个例子中已经谈到了具体的应用,因此不再详细讲解。

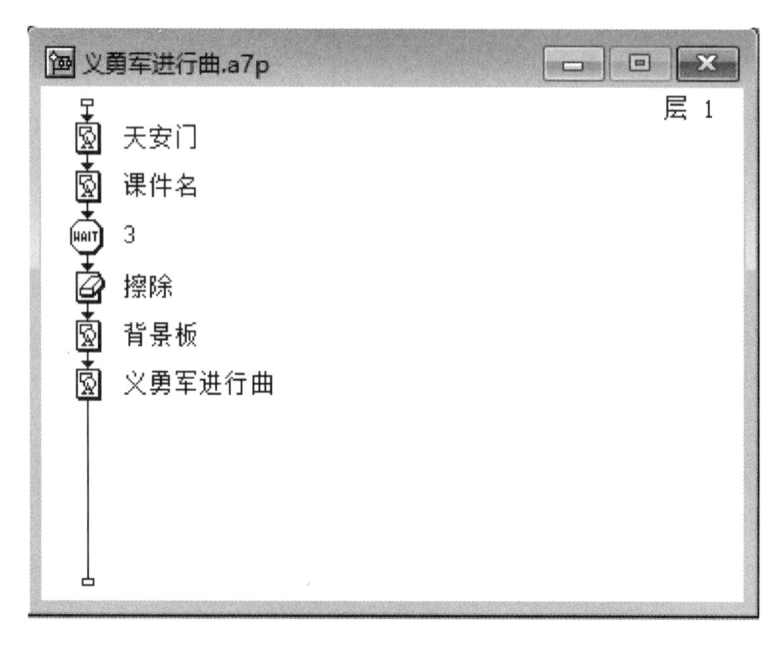

图 5—55 设计界面初始部分

(3)拖动一个交互图标到流程线上,并将其命名为“按钮控制”,然后拖放一个群组图标到交互图标的右侧,在弹出的“交互类型”对话框中选择“按钮”,单击确定按钮建立一个交互分支,如图 5—56 所示。

图 5—56　按钮交互

(4)同理,再拖放两个交互类型为“按钮”的群组图标到刚才的群组图标的右侧,并命名,如图 5—57 所示。

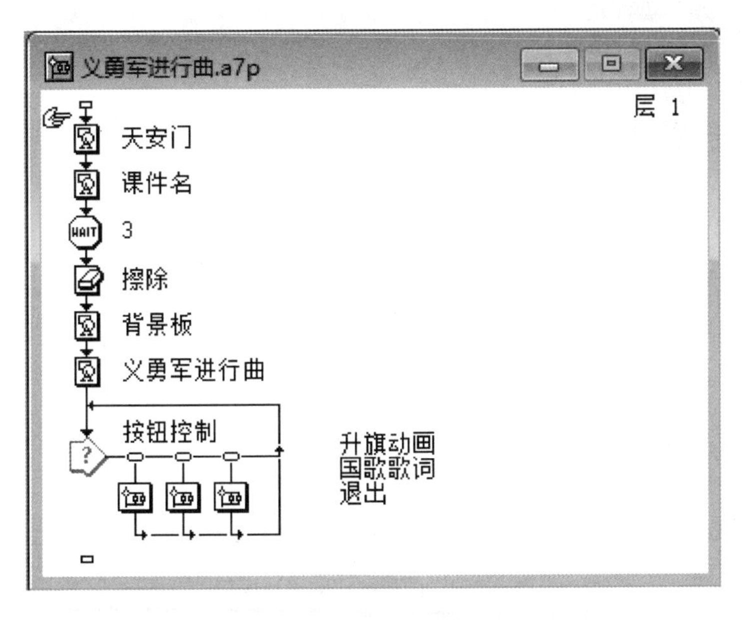

图 5—57　三个按钮的交互

(5)双击打开“升旗动画”的按钮交互图标，打开它的演示窗口，按图 5－58 的要求完成图标的设计，然后按照 5.3.2 中介绍的方法完成升旗动画，也可以打开 5.3.2 中的源程序，将它的设计内容复制到该程序中。

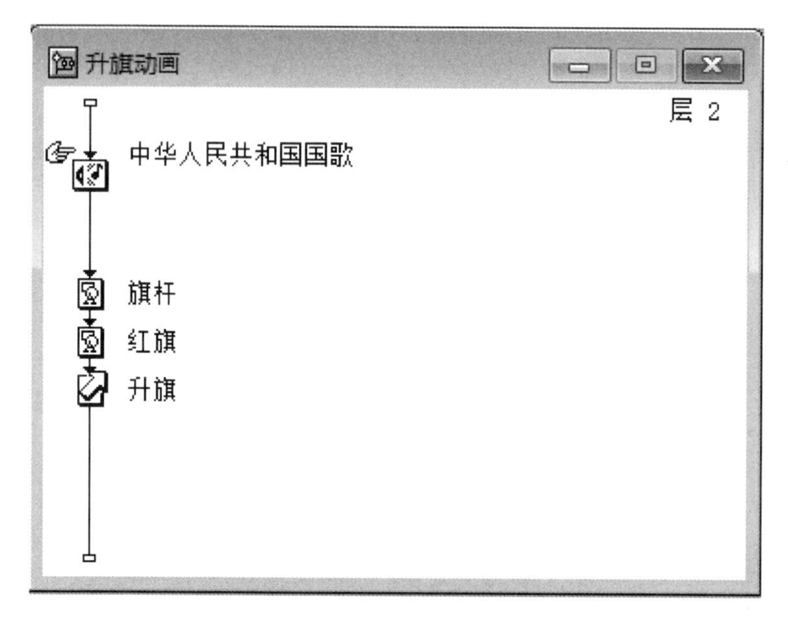

图 5－58　升旗动画的设计窗口

(6)双击打开“国歌歌词”的按钮交互图标，打开它的演示窗口，按图 5－59 的要求完成图标的设计。

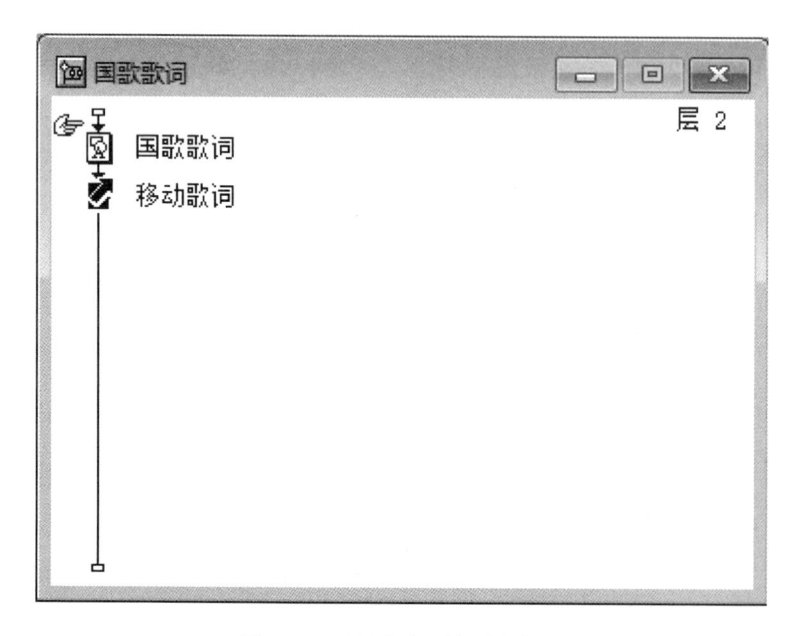

图 5－59　国歌歌词的设计窗口

(7)在演示窗口中设计好界面内容,如图 5—60 所示。

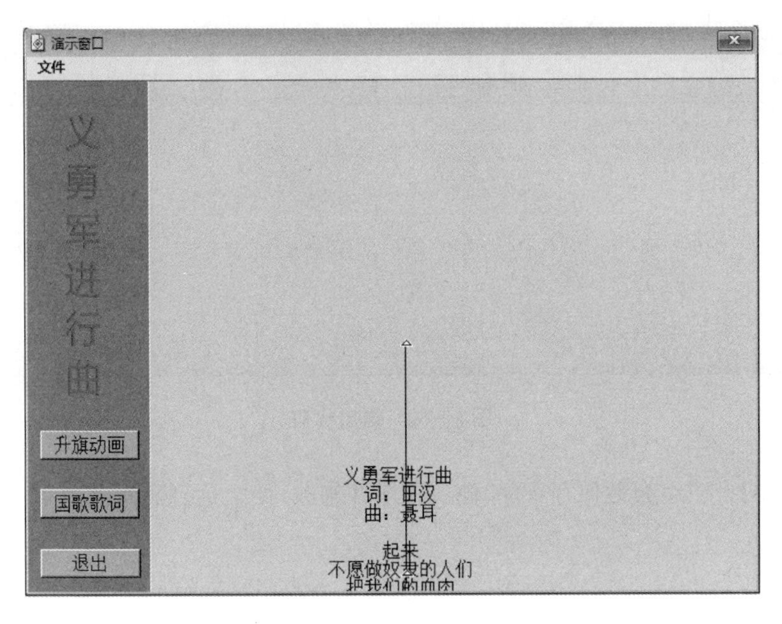

图 5—60　国歌歌词的演示窗口

(8)双击打开“退出”的按钮交互图标,打开它的演示窗口,拖放一个计算图标到流程线上,如图 5—61 所示。

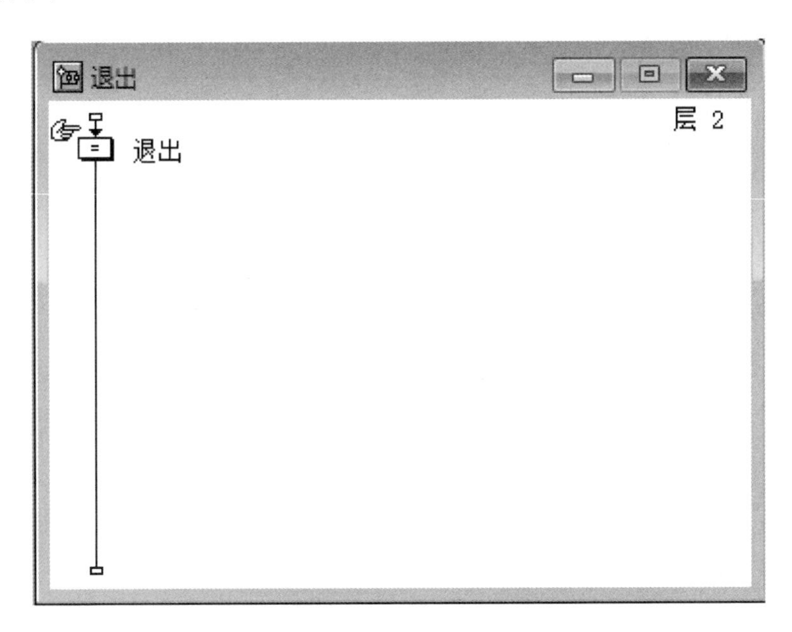

图 5—61　“退出”设计窗口

(9)双击“退出”计算图标,打开代码编辑器,输入如图5—62所示代码。

图5—62 退出代码

(10)按“Ctrl+S”组合键保存程序,测试程序并修改,使之达到满意的效果。

参考文献

[1]董卫军,索琦,邢为民. 多媒体技术基础与实践[M]. 北京:清华大学出版社,2013.

[2]赵子江. 多媒体技术应用教程[M]. 北京:机械工业出版社,2012.

[3]吕光金. 多媒体技术应用教程——Flash 动画篇 [M]. 北京:北京邮电大学出版社,2019.

[4]肖朝晖,洪雄,傅由甲. 多媒体技术基础 [M]. 北京:清华大学出版社,2013.

[5]杨欢耸. Authorware 多媒体课件的制作与开发 [M]. 杭州:浙江大学出版社,2008.

[6]缪亮. Authorware 多媒体课件制作实用教程.[M]. 北京:清华大学出版社,2017.

[7]严严. Flash CS6 游戏制作全实例 [M]. 北京:海洋出版社,2014.

[8]梁栋,李倩. Flash CC 2015 动画制作实用教程[M]. 北京:清华大学出版社,2016.

[9]文杰书院. Flash CC 中文版动画制作基础教程[M]. 北京:清华大学出版社,2016.

[10]常征,倪宝童. Flash CC 2015 动画设计标准教程[M]. 北京:清华大学出版社,2017.

[11]邓文达,谢丰,郑云鹏. Flash CS6 动画设计与特效制作 220 例[M]. 北京:清华大学出版社,2015.

[12]郭永灿,王胜,姜国庆. 中文 Photoshop CS[M]. 上海:上海交通大学出版社,2005.

[13]李光,郑国鸿. Photoshop CS 平面设计教程[M]. 北京:中国铁道出版社,2004.

[14]史宏宇,刘万昱. 中文版 Photoshop CC 图像处理基础案例教程[M]. 北京:北京邮电大学出版社,2018.

[15]唯美世界. 中文版 Photoshop CS6 从入门到精通[M]. 北京:中国水利水电出版社,2018.

[16]姜立军,程韬波. Photoshop CS 实例教程[M]. 北京:清华大学出版社,2004.

[17]甘登岱,刘金喜,单勇. 跟我学 Photoshop 6. 0[M]. 北京:人民邮电出版社,2001.

[18]于化龙,沈婷婷,郝雨. 微课实战 Camtasia Studio 入门精要[M]. 北京:人民邮电出版社,2017.

[19]方其桂. Camtasia Studio 微课制作实例教程[M]. 北京:清华大学出版社,2017.

[20]https://baike. so. com/doc/5412367-5650493. html.

[21]http://www. gov. cn/guoqing/guoge.